基于灰色理论的民用飞机
全寿命周期费用模型研究

徐华锋 著

北京理工大学出版社
BEIJING INSTITUTE OF TECHNOLOGY PRESS

内 容 简 介

本书共分七章。第一章简要介绍民用飞机费用的研究现状及其本书研究的主要内容。第二章对民用飞机全寿命周期费用构成与结构进行分析。第三章和第四章介绍灰色可能性测度规划（GPMP）模型，基于 GPMP 模型对民用飞机费用—效能进行综合权衡优化。第五章介绍含灰色参数的费用分布优化模型并对含灰色参数的民用飞机全寿命周期费用分布进行优化。第六章介绍几种改进的灰色预测模型，并对民用飞机全寿命周期费用进行预测。第七章对相关研究进行了展望。

图书在版编目（CIP）数据

基于灰色理论的民用飞机全寿命周期费用模型研究/徐华锋著. —北京：北京理工大学出版社，2019.4

ISBN 978 – 7 – 5640 – 9736 – 3

Ⅰ. ①基… Ⅱ. ①徐… Ⅲ. ①民用飞机 – 预期寿命 – 费用效果分析 Ⅳ. ①V271

中国版本图书馆 CIP 数据核字（2019）第 061615 号

出版发行 / 北京理工大学出版社有限责任公司

社　　址 / 北京市海淀区中关村南大街 5 号

邮　　编 / 100081

电　　话 / （010）68914775（总编室）
　　　　　　（010）82562903（教材售后服务热线）
　　　　　　（010）68948351（其他图书服务热线）

网　　址 / http：//www.bitpress.com.cn

经　　销 / 全国各地新华书店

印　　刷 / 北京虎彩文化传播有限公司

开　　本 / 787 毫米 × 1092 毫米　1/16

印　　张 / 7.5　　　　　　　　　　　　　　责任编辑 / 王美丽

字　　数 / 177 千字　　　　　　　　　　　　文案编辑 / 孟祥雪

版　　次 / 2019 年 4 月第 1 版　2019 年 4 月第 1 次印刷　　责任校对 / 周瑞红

定　　价 / 37.00 元　　　　　　　　　　　　责任印制 / 李志强

前　　言

21 世纪以来，世界政治、经济和科学技术飞速发展，民用航空市场的竞争也日趋激烈，世界民用飞机的发展呈现一些新特点。首先，民用飞机产业是一个国家综合国力和竞争力的一种体现，各国政府大力扶持民用飞机的发展，世界民用飞机工业垄断态势不断得到强化。其次，同西方发达国家相比，我国民用航空总体上还存在差距，但中国民用飞机市场前景广阔，迫切需要发展自主创新的民用飞机产业，我国民用飞机的研制已初步具备冲击国际市场的能力。最后，民用飞机的研制往往重视技术、进度和质量，面对数额巨大的研制费用，越来越多的国家和地区认识到从全寿命周期角度进行管理和控制的重要性。

我国积累的相关费用数据相对有限，相关研究也比较少见。现有的文献主要有我国民用飞机研制的历史经验总结与研究；民用飞机产业发展战略研究；基于时间、进度、库存等因素的民用飞机项目研发管理研究；民用飞机费用参数研究；费用数据采集、预处理技术方法与模型研究；费用参数识别与筛选；全寿命周期费用评估模型研究；民用飞机使用维修等运营费用控制研究；投资优化方法研究；费用估算软件研究等方面。

现有的研究虽然取得了一些较为丰富的成果，但是关于费用问题的研究对象多为军用飞机、导弹等武器装备，针对民用飞机的极少见到。现有方法中，缺乏适合我国国情的民用飞机全寿命周期费用估算模型。对民用飞机的效能与费用进行综合权衡与决策的方法也比较缺乏。在周期比较长的民用飞机全寿命周期费用的预测过程中，考虑费用和时间的关系，估算全寿命周期费用分年度投资需要的模型较少。

本书从全寿命周期费用结构分析、灰色费用—效能的综合权衡优化、灰色时间—费用分布优化、灰色费用预测四个方面建立民用飞机的优化和预测模型。

在民用飞机全寿命周期费用结构分析方面，借鉴军用飞机和武器装备等大型系统全寿命周期费用模型分析的经验，建立民用飞机全寿命周期费用模型，通过实例对飞机的寿命周期费用及其他参数进行估算和优化。

在灰色费用—效能综合权衡优化方面，借鉴国外费用评估模型，建立民用飞机费用、效能和飞机参数之间的关系模型，采用最优化理论和方法计算得到三者的平衡点。利用灰色系统原理和可能性测度规划理论建立灰色可能性测度规划模型，利用数理分析和计算机灰色模拟方法以及遗传算法等对灰色可能性测度规划模型进行求解。将灰色可能性测度规划理论与费用—效能模型结合，建立基于灰色可能性测度规划的民用飞机费用—效能权衡优化模型，并且对民用飞机的费用—效能进行权衡优化。

在灰色时间—费用分布优化方面，采用经验估算法、线性回归分析法、高斯牛顿迭代法以及多峰值的分段建模法等对威布尔分布模型的参数进行估计。结合灰色系统理论引进灰色参数建立灰色威布尔分布模型，运用削峰填谷的方法和智能算法对民用飞机费用的分布情况进行估算和调整。

在灰色费用预测方面，对灰色系统理论中的灰色预测模型进行分析研究，建立优化灰色作用量的预测模型、改进白化方程的预测模型和基于矩阵序列的灰色预测模型。利用灰色预测模型对飞机的研制与采购费用、使用保障费用等进行预测。

西南财经大学的徐可欣阅读了本书的全部内容，对书中构思提出了一些意见，并帮助绘制了一些插图，谨致谢意！

书中的错误或者不当之处在所难免，敬请读者提出宝贵意见。

著　者

目　　录

第一章 绪 论

1.1 对民用飞机费用进行全寿命周期管理的必要性

21世纪以来，世界政治、经济和科学技术飞速发展，民用航空市场的竞争也日趋激烈，世界民用飞机的发展呈现一些新特点。

（1）民用飞机产业是一个国家综合国力和竞争力的一种体现，各国政府大力扶持民用飞机的发展，世界民用飞机工业垄断态势不断得到强化。

航空工业是一个国家的科技创新能力、工业水平和综合国力的重要体现。民用飞机产业是航空工业的重要组成部分，是带动科技发展、促进国民经济和社会发展的战略性产业，民用飞机的研制能力是衡量一个国家科技水平和工业水平的重要标志之一。作为一个国家尖端科技、工业基础和综合国力代表的民用飞机工业，已经成为强国的重要标志。一个国家即使是航空大国，如果没有自己的民用飞机工业，也不能算是航空强国。民用飞机工业的发展必将刺激经济增长，促进产业结构的调整和升级，降低对国外制造商的依赖度，改善国家的民航业结构，拉动多层次产业链条的协同发展。民用飞机制造工业不仅为下游产业的发展创造条件，而且获得自身利益，双方可以进入良性互动循环。民用飞机的大量出口利于塑造良好的国际形象，快速提高一个国家的国际地位；同时，还可推出自己的适航标准，从而获得较好的市场发展前景。

近几十年来，以美国波音公司和欧洲空客公司为代表的大型航空企业，在一些研究计划的支持下，投入大量人力、物力和财力，使民用飞机技术有了很大的发展。各民用飞机工业国家和地区，对民用飞机发展都制定了一系列促进政策，采取了多种补助方式。世界各民用飞机强国的民用飞机发展，更是得力于政府的大力支持。很多国家政府提供优惠贷款支持新机型的研发，在空中客车成立前，欧洲共同体中一些国家对空中客车公司的项目启动提供了财经支持，这些财经支持在项目不成功的情况下也是不需要返还的。欧洲共同体还在第二、三、四、五、六框架项目中对空中客车公司的民用飞机新机型的研发提供了专向性的补贴。欧洲共同体中许多成员国的航空工业部门通常承担航空科技研发成本的50%，同时会参与设计及研发，其中法国政府就承担研发成本的78%。在A300上马时，法国政府承担了法国宇航公司分摊的全部费用。在A380项目启动时，空中客车公司（简称空客公司）合伙公司所在国政府就提供了超过36亿美元的启动项目援助。

美国的民用航空工业在世界上占据领先地位，这与美国政府对民用航空工业持续不断的支持和干预是分不开的。1978—1988年，美国政府给波音和麦道两个公司提供了230亿美元，其中45%是国防部以研究和发展赠款的形式提供的。美国民用飞机制造商1992—1997年平均每年从国防部采购合同中获得的收益达5.6亿美元。除此之外，国防部还经常将民用飞机独立研发项目列入计划并给予资助。1993—1998年，在美国国家航空航天局（National

Aeronautics and Space Administration，NASA）联合波音与麦道共同启动的"高速研究项目"中，NASA 支付给波音和麦道 4.4 亿美元。NASA 还在 1992 年启动了"先进的亚声速技术项目"，研制新一代亚声速民用喷气式飞机，并为此投入了 8.18 亿美元。

经过几十年的发展，在干线飞机和支线飞机等民用航空中高端产品领域，世界民用飞机的垄断态势不断得到强化。全球干线飞机市场几乎被波音公司和空客公司两大航空巨头瓜分。波音公司和空客公司的民用飞机产品均已经形成了自己的系列，从 100 座的低端干线飞机到 500 座的巨型干线飞机，覆盖了不同的市场需求。俄罗斯图波列夫和伊留申联合体研制的图 -204 和伊尔 -96 等干线飞机的市场主要被局限在前苏联国家。支线飞机制造商之间的争夺日趋白热化，诸侯割据的局面正在逐步转变，先后有多家公司退出了支线运输机制造商的行列，如美国雷神飞机公司和费尔柴尔德·多尼尔公司、英国 BAE 系统公司、瑞典萨伯公司、荷兰福克公司。目前，巴西航空工业公司和庞巴迪公司成为支线运输机领域的"双雄"，它们的产品在技术与市场方面都具有明显的优势，垄断局面正在形成之中。而中国已经提出了支线运输机计划，以期打入世界支线运输机市场。

（2）同西方发达国家相比，我国民用航空总体上还存在差距，但中国民用飞机市场前景广阔，迫切需要发展自主创新的民用飞机产业，我国民用飞机的研制已初步具备冲击国际市场的能力。

我国民用飞机产业处于起步阶段，国外民用飞机产业的高度发达状况已经对我国形成严重压迫之势。我国民用飞机产业虽已从最初的仿制阶段发展到现在的以我为主的研制阶段，但与国外相比，依然差距很大。主要体现：一是核心技术缺乏，自主创新能力与国外有一定差距，新机型研制进展比较缓慢。二是产品技术落后，缺乏支柱产品和新产品，产品市场份额低，竞争力弱，产业规模小，产业化程度低。三是我国民用飞机产业的自主配套能力不足，发动机、关键元器件和材料、航空设备及系统严重依赖进口，不能满足民用飞机产业的发展需求。四是适航取证能力比较弱。

20 世纪 80 年代以前，我国民航线上尚且没有国产民用飞机，伴随着运 -7 系列飞机的诞生，这种历史结束。20 世纪 90 年代初期，在国内的两百多条航线上曾有 70 多架运 -7 飞机在飞行，后来运 -7 又逐渐退出了民用飞机市场。从行业发展层面上讲，我国重视航空产业，民用飞机已被列为国家战略新兴产业进行重点培育和支持。我国的民用飞机工业已经形成体系较为完善的基础，发展势头良好。国产的客运民用飞机主要是 C919、ARJ21 和新舟系列三种机型。C919 是大型客机，定位于单通道 150 座级，竞争机型是长期在单通道飞机市场占主导地位的波音 B737 系列和空客 A320 系列。

波音公司最近发布的世界航空运输业预测报告中的数据表明，在未来的 20 年里全世界航空公司有超过 7 500 架支线飞机的需求，大概需要新飞机 2.57 万架。近年来我国民航运输业高速发展，现已成为世界第三大民航市场，正处于良性发展周期。未来 20 年内将需要补充各型民用飞机 2 541 架。预计到 2029 年，中国全货机机队规模将达到 579 架，其中大型货机 158 架，中型窄体货机 110 架，中型宽体货机 150 架，小型货机 161 架。其需求还将在良性发展的轨道上渐趋旺盛。良好的国际国内市场需求前景为我们提供了广阔的市场空间。

发展航空工业必须坚持自主创新的原则，没有其他捷径可走，从国家和企业的发展来讲，我们都应该坚持这一原则。多年来，我国航空工业历经了多次国际合作之路，但一次次的失败留给我们更多的是教训。从整体上看，我国航空工业在世界范围内处于中等水平，如果不能从根本上解决中国的民用飞机的研制问题，势必会影响中国在未来世界的战略地位。在这样的背景下，航空航天业被列作我国"十二五"战略性新兴产业和高端装备制造业的发展方向。在航空方面，将重点加快大型飞机研制，大力发展系列支线飞机、通用飞机和直升机，重点突破发动机重要机载系统和关键设备。研制和发展民用飞机被列为国家科技中长期发展规划中十六个重大科技专项之一，是增强我国综合实力和国际竞争力的重大战略举措，也是建设创新型国家的标志性工程。我国民用飞机制造业通过几代航空人孜孜不倦的追求和努力，已经拥有具备自主知识产权、有较强国际竞争力的产品，形成了较为完备的产业结构，初步具备了向国际民用飞机市场冲击的能力。

（3）民用飞机的研制往往重视技术、进度和质量，面对数额巨大的研制费用，越来越多的国家和地区认识到从全寿命周期角度进行管理和控制的重要性。

民用飞机研制采用大量高新技术，包括制造工艺创新、材料选用、控制系统研究、电子信息系统设计、动力完善等复杂技术的综合应用，研制过程十分复杂。然而长期以来，民用飞机研制项目的管理更侧重于在材料、设计、工艺等复杂技术方面上取得突破，对质量、进度和技术的关注远远大于对经费的关注，客观上使经费使用不合理的风险增加了。随着航空工业的不断发展，民用飞机的性能指标也在全面提升，工艺要求越来越苛刻，设计也越来越复杂，加上通货膨胀的影响，民用飞机的研制费用、使用保障费用等各种费用大幅度增长。民用飞机各项费用的增长成为制约飞机发展的一个关键因素，我国要实现大型民用飞机的跨越式发展，除了需要在关键的技术领域取得重大突破之外，更需要花大力气控制费用。在目前社会主义市场经济环境下，企业追求利润最大化，民用飞机的研制过程中，缺乏全寿命周期费用的观念，导致费用涨、进度拖、指标降的现象在一定的范围内存在。因此，加强民用飞机全寿命周期费用的管理和控制是民用飞机研制中的重要任务之一。

西方一些国家为了提高有限资源和经费的使用效率，研究提出了很多方法。美国的调查数据表明，一直以来美国用于维修的维持费都在设置费的 10 倍以上，因此把资产的设置费和维持费放在一起进行全寿命周期费用管理变得非常必要。美国通用电气公司提出价值分析法，在商品具备规定性能的前提下，尽可能使设置费和维持费的总和达到最小。然后美国开始进行全寿命周期费用的研究，使用费用—效能分析来控制采购费用，颁发了一系列指令和文件。20 世纪 70 年代，全寿命周期费用分析从军事系统走向民用系统。20 世纪 80 年代后，全寿命周期费用分析、评价逐步向标准化方向发展，出现了大量有关全寿命周期费用评价、分析和管理的理论和实践。20 世纪 70 年代后期，日本也开始进行全寿命周期费用评价，提出了飞机费用研究的基础问题是全寿命周期费用的估算。

经过不断探索，与飞机进度、性能、设计等因素一样，全寿命周期费用成为与它们并列的几个重要权衡因素之一。全寿命周期费用的组成结构主要是研究发展费用、生产采购费用和使用保障费用。全寿命周期费用是在一个系统的寿命周期内，研制过程、生产使用过程、维护过程和支持过程所引起的间接的、直接的、循环的以及其他有关费用的总和。开展全寿命周期费用研究的目的就是研究研制与开发、生产与采购以及使用保障三个组成部分之间的关系，以及这三个组成部分对飞机生产、设计、使用的影响，揭示民用飞机全寿命周期费用发展的规律，从而采取各种有效的方法对其进行控制。

与国外相比，我国在民用飞机的技术上基本没有优势，但应该比运－10上天飞行的时候有了长足的进步。问题是目前的民用航空市场被波音公司和空客公司垄断，如果我国研制的飞机仅仅能够飞上蓝天是明显不够的，只有参与国际竞争，才能有更好的发展。因为飞机结构复杂、费用昂贵、研制周期长，所以照此发展，在经济方面未来的飞机是不能进行大量生产并投入使用的。解决这样的问题的一种途径是让设计方法更合理，使飞机在满足性能要求的同时，费用尽可能低；另一种途径是研究新的高效费比的飞机，使新型号的飞机在满足任务需求的同时，费用尽可能低。因此，民用飞机的全寿命周期费用问题在飞机的设计中至关重要。多年来，传统的"以最低研制、采购费用为经济原则"和"重性能、轻费用"等思想一直在主导我国民用飞机的发展。我国在全寿命周期费用分析管理和评价等方面的工作起步较晚，通过借鉴国外经验，取得了很大进展。有关全寿命周期费用的构成、建立费用数据库、估算方法、预测模型等工作，还需要进一步加强。只有通过探讨民用飞机全寿命周期费用与其性能要求之间的相互影响，深入进行全寿命周期费用的研究来设计经济合算的民用飞机才能使民用飞机的采办和设计更加合理。

1.2 民用飞机费用相关研究现状

我国积累的民用飞机相关费用数据相对有限，相关研究也比较少见。现有的文献主要有我国民用飞机研制的历史经验总结与研究；民用飞机产业发展战略研究；基于时间、进度、库存等因素的民用飞机项目研发管理研究；民用飞机费用参数研究；费用数据采集、预处理技术方法与模型研究；费用参数识别与筛选研究；全寿命周期费用评估模型研究；民用飞机使用维修等运营费用控制研究；实物期权在战略投资优化方面的应用研究；系统仿真及其费用估算软件研究等方面。具体情况如下：

1. 我国民用飞机研制的历史经验总结与研究

研制大飞机是历届中国政府都考虑和讨论过的问题，并分别作出过不同程度的努力，结果却不尽如人意。北京大学政府与企业研究所所长路风教授对中国大型飞机的历史与发展战略进行了调研，完成了《中国大型飞机发展战略研究报告》，对大飞机项目的意义、历史教训以及战略决策的原则等问题作出了分析和建议。张洪飚从民用飞机的发展目标和发展途径、民用飞机工业的行业管理和行业政策对中国民用飞机的发展进行了阐述。也有不少学者、专家从民用飞机研制的机制体制创新、规划实施方面面临的困难与挑战、如何开展国际合作、面临的技术障碍、人才匮乏、研制经费的超支等各个方面对我国民用飞机的研制情况进行了总结和分析。

2. 民用飞机产业发展战略研究

2007年2月26日，温家宝总理在国务院常务会议上指出，我国航空工业已经具备发展大型飞机的技术和物质基础；并表示中国将把大飞机研制作为国家战略，使大飞机的设计制造发展为有竞争力的产业。民用飞机产业属于国家的战略产业，如何培养该产业的能力，并为其选择正确的战略发展路径，最终保持其持续竞争优势是目前急迫需要研究的问题。详细地分析他国的成功经验，有助于中国在产业发展道路上作出更加正确的决策。当今世界，美国波音、加拿大庞巴迪、欧洲空客、巴西安巴拉是四大民用飞机制造商，其中，巴西安巴拉是支线民用飞机市场最有力的角逐者，虽然规模不及前三者，但其净收入和股票业绩却最好。国外的民用飞机产业的发展对我国的民用飞机产业具有很好的借鉴作用。钱思佳从新产业组织、技术能力理论和产业竞争力的交叉视角出发，通过对我国民用飞机产业发展历程回顾，总结分析产业发展过程中存在的问题，借鉴比较国外的成功经验和失败教训，结合波特的产业竞争力分析框架，深入系统地探讨了我国民用飞机产业的发展环境。在理论框架和实证研究的基础上，构建了我国大飞机产业发展机理模型，分析研究了影响产业发展的关键因素。黄强等从产业发展战略的角度，陈述了巴西民用飞机产业发展的历程与现状，对产业发展的重大战略转折点进行了理论评析，提出了巴西民用飞机产业对中国民用飞机产业发展的借鉴之处。王科研究了民用航空产业的发展特点，并利用古诺模型和斯坦克尔伯格模型演绎了航空制造寡头在产量和价格方面的博弈；运用产业链理论，对民用航空产业链的组成和建构进行了详细的剖析。张辉对中国民用飞机产业发展的外部环境因素进行了系统研究和分析，总结了民用飞机产业发展面临的外部机会与威胁；对中国民用飞机产业发展的内部条件进行了分析，综合 EFAS 矩阵分析和 IFAS 矩阵的分析结果，运用 SWOT 分析方法分析了民用飞机产业发展面临的机遇与威胁、优势与劣势；确定选择了民用飞机产业发展的战略，即自主创新、集聚目标、整合联盟、成本领先，从而获得了竞争上的优势。魏拴成和张洪雁对我国民用飞机工业发展的历史进行了回顾，对民用飞机工业发展战略失败原因进行了分析。张吉昌、孙敏通过产业链拆分对大飞机制造技术进行了分类，探寻各环节的技术策略，便于中国利用最少的成本在最短的时期内研制出具有自主知识产权的大飞机。亓连军提出：应该转变发展模式，立足于自力更生，把发展干线飞机制造业作为国内各种力量的共同目标和责任，在政府的组织协调下，吸引内外各种力量积极参与，克服资金和品牌"瓶颈"，打开我国干线飞机制造业新局面。肖雪对中国民用飞机产业竞争情报的必要性进行了分析。中国民用飞机产业发展面临的主要竞争压力和竞争情报工作使得中国民用飞机产业的竞争情报工作非常必要。在分析我国民用飞机产业竞争情报现状的基础上提出了我国目前民用飞机竞争情报工作存在的问题，如民用飞机企事业内部信息交流机制不畅通、市场竞争机制不健全、民用飞机竞争情报工作外部信息环境不完善等，就如何解决民用飞机竞争情报工作存在的问题提出了详细对策。

3. 基于时间、进度、库存等因素的民用飞机项目研发管理研究

飞机研制项目是一项复杂度高、创新性强的系统工程。成功的飞机研制项目能够实现巨大的经济和社会效益，反之会带来巨大损失。江红雨应用项目风险管理技术方法，分析了飞机研制项目风险因素，统计了飞机研制项目风险案例，结合系统工程思想，构建飞机研制项目风险测评指标表，综合应用飞机研制项目工作分解结构和故障模式影响分析等技术方法，进行飞机研制项目方案确认阶段的进度风险分析。在飞机研制项目风险分析的基础上，设计飞机研制项目风险控制流程，设置风险预警信号，不仅让项目管理者可以全面掌握项目风险情况，还便于项目管理组织及时规避风险。孙刚通过分析国内飞机型号管理的现状及特点，研究了涡扇支线飞机 ARJ21 项目管理的内涵，分析了航空工业项目研发管理的特点，并以产品数据管理为工具，分析了飞机设计和制造企业对产品数据管理实施的需求，对产品数据

管理实施中的流程管理进行了探讨，提出了产品数据管理的实施方案、实施目标、实施的方法和步骤。备件服务作为民用飞机运营的重要保障，同时是资金占用的最大源头，所以，飞机制造商十分重视备件库存安排的合理性。备件库存涉及备件中心库和备件分库的选址规划、库存控制、备件采购、仓储管理等方面的内容。高宁从备件支援整体出发，阐述了备件支援策略，分析了初始库存在制造商备件支援体系中的重要作用；阐述了针对新型飞机建立备件初始库存的原则，并用工程方法对初始库存中的备件种类进行了选择。对 ARJ21 飞机备件进行合理的分类，建立了初始库存量预测模型，对备件初始库存需求进行定量计算和优化分析。彭伟通过分析 APU 相关部件之间的逻辑关系，明确了在进行 APU 相关部件的拆换工作时的注意事项，以及应采取哪些措施来避免错误的发生，对航空公司在 APU 时间的精确管理上有一定帮助。邓玉东以涡扇支线客机 ARJ2 飞机生产进度管理为对象，研究了ARJ21 飞机进度体系及进度管理模式，提出了多层次项目进度计划体系和飞机制造项目进度管理的标准化方法。施宁结合我国航天型号工程管理的实际，研究了航天型号工程管理的特点、面临的形势和存在的问题，提出了需要改进的地方；针对计划与进度控制方面，分别研究了型号工程管理与项目管理的具体做法，并进行了比较分析；介绍了有关项目管理软件，指出了在推行中需要注意的问题。

4. 民用飞机费用参数研究

构建费用参数体系是进行费用评估的基础。目前学术界主要从全生命周期角度考虑费用参数，认为航空型号费用主要包括研制费用、生产制造费用、使用维修费用和报废费用。王宜新等人给出了民用飞机全寿命成本的计算模型，提出了面向飞机总体参数的优化方法，开发了遗传算法优化程序，在统计分析历史数据的基础上，基于回归分析给出了相关公务机总体参数的估算公式，为飞机总体设计参数的选取提供了依据。李晓勇和宋文滨总结了民用飞机全寿命周期成本研究方法，介绍了民用飞机型号研制中通常采用的成本估算方法和软件工具，一方面对不同市场条件下的计算分析模型进行了对比，指出了发展更可靠的直接维修成本模型的必要性。另一方面通过将经济性分析模块有机融入传统飞机设计流程，提出了面向经济性设计的总体思路，为民用飞机的多学科设计提供了基础。兰德公司研究建立了发动机的成本模型，主要费用参数包括发动机通过样机验证实验之前的研制成本模型、总研制成本模型、产量成本模型等。严盛文建立了一个典型改进改型飞机的研制费用分解结构，费用主要包括试飞费用、军工专项费用、设计费用和实验费用等。首先建立了军用飞机改进改型研制的费用分解结构，阐明了与新研飞机在各分项费用上的差别，基于当量工程的概念提出了改进改型研制的费用修正和各分项费用的减缩系数的估计方法，结合参数估算模型建立了改进改型研制的费用估算模型。王洁和魏法杰介绍了美国武器研制费用的管理法规、体系以及相关的费用估算方法，分析了美国参数估算法的主要内容，评述了我国武器研制费用管理的现状，提出了一些改进我国武器装备研制费用管理方法的建议。兰德公司的报告中提出了建立军机研发和生产的成本评估模型，并且提供了人工耗费类、工程类、材料耗费类等 7 种模型。此外，成本分解结构 CBS 是费用参数构建的一种常用方法，是将工程项目以成本结构维度进行分解。项目的投资及成本管理的核心数据以及所有业务数据都会围绕着成本分解结构组织关联起来。

5. 费用数据采集、预处理技术方法与模型研究

费用数据的采集与预处理是开展费用估算的前提与基础。目前，在许多领域的数据分析中都涉及数据预处理问题，如曲线拟合、信号处理、数据挖掘、模式识别等在武器装备研制费用数据采集、处理方面的应用。朱莉等在收集大量的数据资料的基础上，采用多元统计分析技术，对数据进行处理，同时把费用的影响因素作为说明性变量，研究各说明性变量与费用间的相互关系，采用主成分分析方法，从影响武器型号费用的参数指标中选取"最佳"的参数组合，得到费用估算模型。支持向量机是近年来发展起来的一种有效的非线性问题处理工具，它是基于小样本的统计机器学习理论，因其良好的学习能力在费用预测领域应用较广。余珺等针对支持向量机的不同核函数有不同的预测推广，在多核优选的情况下提出支持向量机预测法，对武器装备费用进行预测。在武器装备费用数据采集、处理方面，国内外学者进行了较为深入的研究。美国进气道畸变实验准实时分析系统采用并行计算方法对 F - 15 飞机模型进行费用数据处理，提高了畸变指数幅度及峰值出现时刻的测量分析精度。白桦等在分析传统费用数据筛选、处理方法优缺点的基础上，结合陆军武器装备研制特点，提出了一种新的费用数据筛选与处理方法。赵英俊等探讨了费用数据采集的目的与要求、费用数据的来源、采集形式以及费用数据处理等问题。梁庆卫等分别采用灰色系统、模糊聚类等理论对鱼雷寿命周期费用数据进行了分析处理。张美璐针对项目分解中 WBS 方法的不足，以制造业项目为例，对数据的采集和处理进行了探讨与研究。范鹏轩等基于 AHP 构建数据挖掘算法模型，拓宽了数据挖掘算法模型的类型和应用领域。朱泰英运用基于 AHP 法的数据包络分析方法，建立了主客观集成的多目标综合评价模型。

6. 费用参数识别与筛选研究

费用参数识别与筛选研究主要包括以下三种情况：一是基于主成分分析法确定最佳参数组合；二是基于支持向量机降低参数结构风险；三是采用粒子群优化费用参数。朱莉等将武器型号费用影响因素作为说明性变量，采用主成分分析方法从费用参数指标中筛选了一组最佳费用参数组合；Vapnik 和朱家元等采用支持向量机建立了武器装备费用预测模型，有效降低了费用参数的结构风险，然后采用模型对整套机载电子设备费用进行了预测。高尚和刘铭采用主成分分析法选择武器研制费用的特征参数，并利用支持向量机建立参数费用模型。蒋铁军等采用径向基神经网络建立了参数识别模型，采用粒子群优化算法获得了模型优化参数。Parsopoulos 给出了粒子群优化算法收敛的参数条件。郭广生对陆军武器装备采办过程中的费用管理进行了研究。孟庆成等运用灰色理论及神经网络模型建立了基于灰色 - 神经网络的大跨度斜拉桥的施工全过程参数识别方法。A. Hac 等研究了一种在噪声环境下，多自由度系统的参数识别方法。这种方法以相当低的计算费用，可获得可靠的系统参数的估计值。在重大国防费用采办项目中高欣用技术成熟度模型对美国重大国防采办项目实施程序进行了模拟研究。郭金玉等运用 AHP 法与其他分析法在数据识别和筛选等领域进行了比较研究，突出了其优越性，取得了理想的效果。蒋铁军等研究提出了武器系统费用估算中参数法的形式化方法，对参数模型的建立、目标函数的建立以及优化参数的求取进行了分析。考虑到模型对样本数据的适应能力，采用径向基神经网络建立参数模型。针对模型的推广能力和拟合精度之间的矛盾以及两者的要求，提出了建立一种折中的目标函数。针对目标函数的参数较多、形式较为复杂的特点，采用粒子群优化算法计算得到模型的优化参数。该方法从本质上解决了参数法的模型建立、参数优化等问题，既可以对新参数模型提供理论上的指导，也可以在实践中推广应用，通用性较好。

7. 全寿命周期费用评估模型研究

有关全寿命周期费用方面的学术著作近年来也有很多，但大多数研究集中在军事装备建设领域，例如，曲东才对装备全寿命周期费用的内涵进行了简述，对美、中武器装备全寿命周期费用管理过程进行了比较，阐述了武器装备费用－效能的分析方法和全寿命周期费用分析的关键问题；徐宗昌综述了装备建设推行综合寿命周期费用的方法；刘国庆对航天装备寿命周期费用进行了估算与控制；徐廷学对导弹武器系统进行了研究；梁庆卫等对鱼雷武器系统进行了研究。在武器系统全寿命费用控制与分析的方法方面，罗飞等对系统动力学在武器装备全寿命费用控制中的应用进行了研究；赵磊等对神经网络在武器装备全寿命费用分析中的应用进行了研究；陈永龙等对寿命周期费用估算中的敏感度分析进行了研究；梁庆卫等对模糊主成分法在武器系统寿命周期费用建模的应用中进行了研究。张恒喜将寿命周期费用分析对我军装备建设的作用进行了归纳，阐明了其主要意义为：对寿命周期费用的深入研究可以提高我军的装备可靠性和维修性。只有对寿命周期费用进行深入研究，才能转变我军装备研制、采购的决策观念；只有对寿命周期费用进行深入研究，才能充分发挥现有的国防经费使用效益。在我国民用项目领域也出现了一些文献，如谭庆对建设项目设计阶段投资控制采用了寿命周期费用分析方法进行了研究。王智慧对全寿命费用分析在项目建设方面的应用进行了介绍。

国内外普遍采用的全寿命周期费用评估模型有参数法、工程法、类比法、趋势外推法和专家判断法等。近年来，一些新兴学科开始应用于全寿命周期费用估算的研究当中，其中比较典型的方法有神经网络方法和灰色预测方法。参数估算法主要是根据多个同类装备的历史费用数据，选取对费用敏感的若干个主要物理与性能参数，运用回归分析等方法进行数据处理，建立费用与参数之间的数学关系式，进而估算寿命周期费用。费用参数估算法的准确程度主要取决于模型建立是否可靠，因此当前全寿命周期费用参数估算法研究主要侧重于机体研制费用估算模型、飞机机载电子设备研制费用估算模型、发动机研制费用估算模型和飞机维修保障费用估算模型等具体模型构建问题。工程估算法是利用工程分解结构自下而上计算各项费用，将整个装备系统在寿命周期内的所有费用单元累加起来得出寿命周期费用估计值。闫彦等依据作业成本法思想，构建了一种以 BOM 为主线的成本估算模型。专家判断估算法是专家根据经验判断估算出装备的全寿命周期费用估计值。它由多个专家根据经验独立判断预测出装备寿命周期费用的估计值，并对其进行综合以提高预测准确度。专家判断估算法一般在费用不足或没有足够统计样本以及难以确定参数费用关系式时使用。人工神经网络是由大量简单处理单元广泛连接而形成的，以模拟人脑行为为目的的复杂网络系统，该系统是靠其状态对外部输入信息的动态响应来进行处理信息的。1993 年，A. Shtub 和 Y. Zimmerman 首次将其应用于装配系统的成本费用估算。基于神经网络模型的选择，目前出现了 BP 神经网络寿命周期费用建模法、基于径向基函数神经网络寿命周期费用建模法等。灰色系统是指部分信息已知、部分信息未知的系统，而灰色系统理论是研究解决灰色系统分析、建模、预测、决策和控制的理论。武器装备系统特性指标与费用之间的非确定关系即是一种灰色关系，运用灰色预测理论可以描述飞机费用与费用驱动因子之间的数学关系。

解建喜等把灰色预测应用于无人机维修费用估算中，取得了较为准确的预测结果。杨梅英等针对样本量较少、变量之间线性相关程度较高的情况，建立了一种发动机研制费用预测的灰色组合模型；郭继周等考虑到装备使用保障费用数据量有限、复杂多变，提出了基于灰色理论的费用预测的方法；陈勇研究了民用飞机使用阶段的维修成本，提出了一种基于灰色理论的年度机体维修成本预测方法。

8. 民用飞机使用维修等运营费用控制研究

随着科学技术的发展，设备性能和技术复杂度的提高，民用飞机的维修成本已经达到了购买价格的2/3，直接运营成本的10% ~ 20%，是全寿命周期成本的一个重要组成部分。无论是航空公司还是飞机制造商都给予了它极大的关注。吴静敏以维修成本为研究对象，从全系统、全寿命的角度研究了维修成本控制与分析的基本概念、主要内容和实施程序，构建了较为完整的方法体系，同时开发了实用化的辅助决策支持系统。维修性是民用飞机的重要特性之一，对民用飞机寿命周期费用有着决定性影响。维修性设计是提高产品维修性的重要手段，为了克服传统维修性设计面临的成本过高、周期过长、难以进行设计修改等缺陷，陆中深入研究了民用飞机维修性并行设计关键技术，建立了相应理论与模型，以支持维修性并行设计。鉴于目前主要凭借经验进行民用飞机系统维修规划的不足，蔡景建立了以维修优化模型为基础的民用飞机系统维修规划方法。针对单部件维修优化模型不能完全满足系统维修规划要求的情况，从多部件维修优化的角度出发，对民用飞机系统维修中亟待解决的并联系统维修优化、单元体系统的维修优化、备用系统维修优化、系统维修方案的制定等问题进行了深入研究，开发了我国首个用于民用飞机系统维修规划的决策支持辅助系统。刘春红就基于可靠性的民用飞机维修成本进行了研究，研究讨论基于可靠性的维修成本理论基础，并对维修成本优化中涉及的相关参数进行了详细论述，为民用飞机维修成本的分析、优化研究奠定基础；针对可靠性参数和民用飞机研制数据特点，采用基于改进粒子群神经网络的直接维修成本分析方法，实现了定量的直接维修成本分析；基于可靠性设计参数和维修性设计参数建立了民用飞机维修成本模型，采用协同优化方法对参数进行优化，寻求降低维修成本的满意设计参数，考虑到整个分析、优化过程忽略了市场竞争、工业部门技术水平等相关因素，就存在的风险进行了评估；提出了贝叶斯网络风险评估算法，通过软件编程实现维修成本分析优化风险的评估。孙伟分析了民用飞机确定维修任务的一般方法，讨论了这些方法的原理和运用这些方法的基本步骤，对整个民用飞机结构维修任务的分析和制定方法进行了比较深入的研究，为制定经济合理的飞机结构维修大纲提供了切实可行的方法。莫庆华对几种主要的直接使用成本估算模型进行了对比研究，发展了在民用飞机经济性估算中使用的开放性系统框架和计算方法，实现了三种直接使用成本计算模型的计算以及与重量、性能、总体设计方案相连接，设计了多方案民用飞机使用经济性计算软件。陈勇建立了民用飞机维修成本数据库，针对民用飞机研发与设计阶段的维修成本主要是直接维修成本的确定、分配与预计工作展开研究，提出了直接维修成本分析流程和工作程序，并给出了整机直接维修成本计算方法、系统直接维修成本分配与预计方法；针对民用飞机使用阶段的维修成本主要是机体维修成本的评估提出了基于航空公司维修方案的机体定检维修事件成本预测方法和基于灰色理论的年度机体维修成本预测方法。

9. 实物期权在战略投资优化方面的应用研究

实物期权是金融期权理论对实物资产期权的延伸。实物期权法已经成为帮助实现企业战略最大市场价值的重要工具，具有广泛的实用性。吴烨等利用实物期权理论对不确定性条件下的各种选择权进行了定量分析，提供了一个投资决策框架，论述了实物期权在风险投资中的应用，以延迟投资期权为例证明了实物期权确实能给风险投资家带来某些创见。蒋林等把实物期权的思想用于船舶投资决策，建立了基于实物期权的船舶投资决策方法。使用实物期权全面地考虑到了船舶投资项目的各种特点，评估了其中管理弹性的价值，对于正确确定船舶投资项目的价值具有重要的意义，避免在进行船舶投资时因没有正确的决策分析工具而陷入盲目的境地。在具体应用实物期权方法进行船舶投资决策时，蒋林将船舶投资运营期间所存在的各种管理弹性归纳为若干种类，并就其中的延迟弹性、退出弹性及停运弹性建立了相应的年度运营期权、等待期权及放弃期权的实物期权框架和计价模型。其中最有新意的思路在于将船舶投资项目的价值表现为各类实物期权价值的组合，即将整个投资项目看作不同类型管理弹性的组合。苏娜研究了实物期权在战略投资决策中的应用，在不确定环境中讨论战略投资项目的投资时机选择的灵活性，运用实物期权投资评价方法来确定项目所拥有的期权价值，并利用期权定价模型计算这些价值的大小。除了考虑战略投资项目面临的市场不确定性之外，还考虑相关竞争者投资决策的影响以及彼此之间存在的竞争博弈对项目价值的影响，探讨了具有战略价值的企业投资项目的评估问题。

10. 系统仿真及其费用估算软件研究

基于代理理论能够对复杂系统进行仿真实验研究在各行业得到广泛应用，程思微等以航天任务综合仿真系统为背景，设计了一个基于代理的仿真资源系统，系统的建立能够为航天任务仿真资源提供储存和管理，该系统实现了资源库和仿真系统中主要仿真软件全面的集成，具有良好的扩展性和重用性。一方面给出了资源库系统的组织结构，阐述了仿真资源的存储管理和操作环境的设计实现，讨论了模型的存储管理以及代理的设计。另一方面给出了资源库系统的仿真应用，说明资源库的工作流程。匡卫洪等运用代理仿真实验对我国电力市场进行了综合模拟。赵维佳等以航天任务综合仿真系统为背景，设计实现了基于代理的航天装备仿真资源库系统，并针对航天装备仿真资源多样性、分布性的特点，将多智能体系统应用于航天装备仿真资源库系统以满足资源重用性和系统扩展性，就航天装备仿真资源库系统各代理的设计和实现进行了阐述。王科跃等研究了舰艇对抗多媒体半实物仿真系统的构建，阐述了该系统的软件和硬件设计的思路。以多媒体显示、实时处理及拥有较好的人机交互能力为特点，融合了网络通信技术、实时处理技术、数据库技术以及专家系统、仿真等当代先进技术。系统中的仿真机可与 VXI 控制系统鱼雷专用检测和声自导专用检测系统共同组成仿真系统平台。随着费用评估模型的陆续提出，很多费用评估软件如 SEER［Jensen 1975］、COCOMO［Boehm 1981］、PRICE［Park 1988］、SLIM［Putnam and Myers 1992］和 Check-point［Jones 1997］等大量涌现。当前，现成的软件模型比较多，《美国国防参数估算手册》推荐了三种典型的模型，即结构型成本模型（COCOMO）、价格软件模型（PRICE）和软件资源评定与估算的软件估算模型（SEER‒SEM）。

1.3　存在的问题

现有的研究虽然取得了较为丰富的成果，为本课题提供了基础和借鉴，但是仍存以下不足之处：

（1）关于费用问题的研究对象多为军用飞机、导弹等武器装备，针对民用飞机的研究极少见到。

我国民用飞机研制已有 40 年的历史，由于种种历史原因，运 - 7、运 - 10 以及联合组装的麦道 82 和麦道 90 等民用飞机项目，最终都没能获得商业成功，积累的相关费用数据相对有限，相关研究也比较少见。目前，全寿命周期费用相关研究主要集中于武器装备研制领域（例如军机、舰船、鱼雷等），国内鲜有民用飞机费用参数体系及估算模型方面的公开研究资料。

（2）现有的研究费用问题的方法中，缺乏适合我国国情的民用飞机全寿命周期费用估算模型。

武器装备全寿命周期费用研究对于民用飞机全寿命周期费用的研究具有很强的借鉴作用，其主要涵盖费用数据采集及预处理、费用参数识别与筛选、全寿命周期费用估算模型与方法、费用调整和高层战略对费用的影响等方面。目前，国内外普遍采用的费用评估模型有参数法、工程法、类比法、趋势外推法和专家判断法等。近年来，一些新兴学科开始应用于费用估算的研究当中，比较典型的方法有神经网络方法和智能算法。由于我国民用飞机研制，特别是大型民用飞机研制尚处于起步阶段，因此费用数据属于典型的小样本、贫信息数据。然而，现有的飞机费用估算模型主要以国外模型为主，它们无法实现小样本、贫信息数据环境下的费用估算。

（3）缺乏对民用飞机的效能与费用进行综合权衡与决策的方法。

在民用飞机的全寿命周期中，从项目论证到决策都会非常慎重。决策时起决定作用的因素有两个：一是飞机的效能；二是飞机的寿命周期费用。前者决定了飞机能否完成任务，后者决定了靠有限的费用开支能否用得起。显然能用最少的成本完成同样的任务是最佳的选择。这样，决策者在决策的时候，就不能仅考虑飞机的费用问题，飞机的效能与费用具有同等重要的地位，将费用放在与效能和进度同等重要的地位，将费用作为设计的输入而不是被动的输出。在开发研制新型号时，需要尽可能早地确定其性能参数和经济可承受性（费用目标）之间的平衡点，这样才能有效控制并降低装备的寿命周期费用。但现有的研究很多是只考虑了费用问题，而没有将费用和效能放在一起综合考虑，很少考虑模型的少数据、贫信息的特点，在灰色不确定情形下，对费用和效能进行权衡决策的研究更是鲜见。

（4）在周期比较长的民用飞机全寿命周期费用的预测过程中，考虑费用和时间的关系，估算全寿命周期费用分年度投资需要的模型较少。

民用飞机的全寿命周期过程具有较大的不确定性，如果不进行系统科学的分析和研究，找出其中的内在规律，而凭主观意愿盲目行事，就会使项目的资源投入陷入混乱，带来经济上的损失。民用飞机的全寿命周期较长，随着科学技术的发展，飞机日益增长的全寿命周期费用和有限的预算之间的矛盾就越来越突出。在这种情况下，科学地估算全寿命周期费用及其在各年度的投资需要，有效避免项目的资源投入陷入混乱和经济上的损失，将具有非常重要的现实意义。但是现有的文献对于全寿命周期费用投资强度的分布模型的研究比较匮乏。

1.4　本书主要工作

本书将从全寿命周期费用结构分析、灰色费用－效能的综合权衡优化和灰色时间－费用分布优化、灰色费用预测四个方面建立民用飞机的优化和预测模型。

在民用飞机全寿命周期费用结构分析方面，借鉴军用飞机和武器装备等大型系统全寿命周期费用模型分析的经验，建立了民用飞机全寿命周期费用模型，通过实例对飞机的寿命周期费用及其他参数进行了估算和优化。

在灰色费用－效能综合权衡优化方面，借鉴国外费用评估模型，建立了民用飞机费用、效能和飞机参数之间的关系模型，采用最优化理论和方法计算得到三者的平衡点。利用灰色系统原理和可能性测度规划理论建立灰色可能性测度规划模型，利用数理分析和计算机灰色模拟方法以及遗传算法等对灰色可能性测度规划模型进行求解。将灰色可能性测度规划理论与费用－效能模型结合，建立基于灰色可能性测度规划的民用飞机费用－效能权衡优化模型并且对民用飞机的费用－效能进行权衡优化。

在灰色时间－费用分布优化方面，采用经验估算法、线性回归分析法、高斯－牛顿迭代法以及多峰值的分段建模法等对威布尔分布模型的参数进行估计。结合灰色系统理论引进灰色参数建立灰色威布尔分布模型，运用削峰填谷的方法和智能算法对民用飞机的费用的分布情况进行估算和调整。

在灰色费用预测方面，对灰色系统理论中的灰色预测模型进行分析研究，建立优化灰色作用量的预测模型、改进白化方程的预测模型和基于矩阵序列的灰色预测模型。利用灰色预测模型对飞机的研制与采购费用、使用保障费用等进行预测。

本书的研究内容及其方法路线如图1.1所示。

本书的创新点有以下几点：

（1）分析民用飞机全寿命周期费用的划分与构成，建立民用飞机的全寿命周期费用模型。对民用飞机全寿命周期费用和相关设计参数进行估算和优化。

（2）建立灰色可能性测度规划模型并研究其求解方法。基于费用作为独立变量的方法研究民用飞机费用、效能和性能参数之间的权衡问题，建立民用飞机费用—效能权衡优化模型。将灰色可能性测度规划模型在民用飞机费用—效能的综合权衡优化中进行应用，最终建立基于灰色可能性测度规划的民用飞机费用—效能综合权衡优化模型。

（3）采用威布尔分布模型研究民用飞机全寿命周期费用的年度投资分配问题，考虑将模型中的不确定性因素引入灰色参数，建立基于不确定信息的民用飞机研制费用的灰色威布尔分布模型，为飞机研制费用的分年度的投资强度优化提供理论依据。

（4）研究灰色预测模型的优化问题，对灰色预测模型中的参数和条件进行改进，一方面丰富灰色系统理论，另一方面为少数据的民用飞机的费用预测提供方法。利用改进的灰色预测模型对民用飞机全寿命周期费用进行预测。

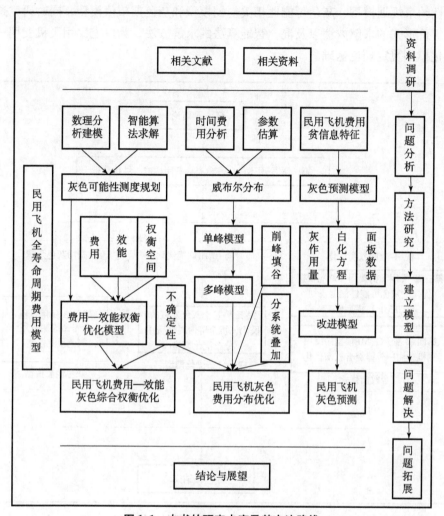

图 1.1　本书的研究内容及其方法路线

1.5　组织与结构安排

本书共分为七章，结构安排和各章之间的逻辑关系如图 1.2 所示。

第一章介绍了民用飞机研制发展的状况以及本书选题的背景和意义，对现有的民用飞机全寿命周期费用相关的研究内容与研究方法进行了回顾与总结，阐述了在我国开展民用飞机全寿命周期费用与效能、性能参数权衡优化以及费用预测的必要性和重要意义，并对全文的工作进行总的概括和介绍。

第二章主要对民用飞机全寿命周期费用展开研究，通过对全寿命周期费用理论的分析，研究讨论民用飞机的全寿命周期，对民用飞机的全寿命周期费用阶段和构成进行划分，回顾全寿命周期费用的估算方法，建立民用飞机全寿命周期费用估算模型，利用建立的估算模型通过实例对费用等参数进行优化。

第三章主要对第四章的方法进行研究，分别从可能性测度、极大化事件实现的可能性和期望值三个不同的角度出发，在研究灰色变量的可能性测度等数学理论体系的基础上，建立灰色可能性约束规划模型、灰色可能性相关规划模型和灰色期望值模型，同时研究这些模型的确定性等价形式的求解方法以及混合智能算法的求解方法，为建立民用飞机费用—效能灰色权衡优化模型奠定理论基础。

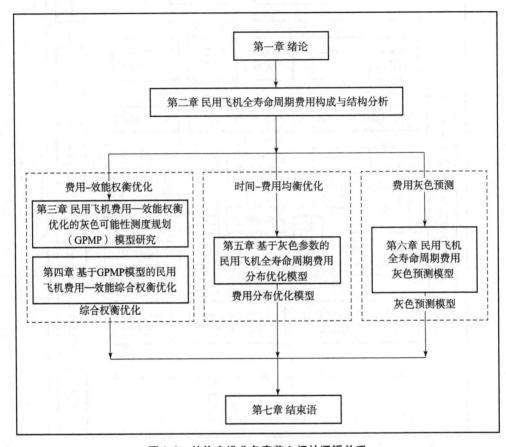

图1.2　结构安排分各章节之间的逻辑关系

第四章首先回顾费用作为独立变量的方法，将费用作为独立变量方法应用于民用飞机系统，建立民用飞机的费用模型、效能模型和权衡空间，结合民用飞机寿命周期费用研究过程中的信息贫、数据少的特点，将灰色不确定因素引入权衡优化理论，建立基于灰色可能性测度规划的费用—效能综合权衡优化模型，并利用第三章的灰色可能性测度规划模型的求解方法对模型进行求解，实现对民用飞机的费用—效能的综合权衡优化。

第五章利用威布尔分布研究民用飞机寿命周期费用的分布优化，借助威布尔分布模型讨论民用飞机寿命周期费用的年度分配情况，结合灰色不确定因素，建立民用飞机全寿命周期费用分布的灰色均衡优化模型，为民用飞机全寿命周期费用的年度投资决策提供依据。

第六章主要对现有的灰色预测方法进行改进，利用改进的灰色预测方法，对民用飞机的寿命周期费用进行预测。

第七章对本书的贡献进行总结，并对进一步的工作进行展望。

1.6　本章小结

本章首先阐述了研究的背景和意义，对相关文献进行了综述，分析了现有研究结果中的不足之处，论证了本书研究的必要性。

其次给出了本书的研究目的，结合研究目的给出了本书研究的理论意义和实践意义。

最后简述了本书的研究内容，包括主要工作、方法路线、创新之处和章节结构。

第二章 民用飞机全寿命周期费用构成与结构分析

全寿命周期费用的概念来源于美国军用装备成本控制研究项目，主要用于解决装备"从摇篮到坟墓"整个过程中的成本分析、控制和优化等问题。欧美装备制造发达国家不断拓展全寿命周期费用的应用范围（目前其已在产品的设计研发领域得到广泛的推广应用），在民用飞机制造领域也进行了一定的探索。民用飞机是典型的资本和技术密集型产品，在民用飞机全寿命周期过程中，如何协调解决不同主体之间的利益冲突，降低飞机的全寿命周期费用，为设计和经济决策提供可靠依据是民用飞机全寿命周期研究的关键问题之一。虽然民用飞机全寿命周期费用还没有在学术上形成统一的意见，但是并不妨碍全寿命周期费用理念在民用飞机设计过程中的应用，尤其是具体的费用分析方法已成功地应用于民用飞机的研制过程之中，这些估算方法可为制造商协调研制费用和直接运营费用提供有价值的依据。本章将对民用飞机全寿命周期费用的结构与构成进行分析，并且对民用飞机的全寿命周期费用进行估算。

2.1 民用飞机全寿命周期费用理论综述

2.1.1 全寿命周期费用的概念

为了寻找有效的费用控制方法，20 世纪 60 年代美国国防部提出了全寿命周期费用的概念，以揭示全寿命周期费用发生和发展的规律，进而对其进行有效管理。国际上全寿命周期费用还没有统一的定义。美国有关学者和机构对全寿命周期费用的定义主要有以下几种：美国国家预算局的定义为："全寿命周期费用是大型系统开发、设计、制造、维修、使用、支援等过程中发生的费用，以及预算中所列入的必然发生的费用总和。它是大型系统在有效期内发生的间接的、直接的、重复性的、一次性的以及其他有关的费用。"美国后勤学会国际部副会长、弗吉尼亚州立工业大学布兰查德教授将其定义为："全寿命周期费用包括产品和系统的制造安装费用、研究开发费用、运行维修费用和报废回收费用等全寿命周期内的总费用。"美国国防部的定义："寿命周期费用包括设置、开发、后勤支援、使用和报废等费用，是政府为了获得和设置系统以及系统一生所消耗的总费用。"

在全寿命周期费用概念的基础上，发展出了全寿命周期费用分析、全寿命周期费用估算、全寿命周期费用管理和全寿命周期费用评价等方法。全寿命周期费用分析是为了寻找费用效能的影响因素、费用风险项目以及确定高费用项目和影响因素，对产品的各费用单元的估算值及寿命周期进行结构性确定的一种系统分析方法。全寿命周期费用估算是量化累加设备的全寿命周期内消耗的具有规定效能的一切资源，将它们转化为金额，从而得出总费用的过程。全寿命周期费用管理是在采办的各阶段以寿命周期费用最小为目标，使采办的装备在能满足性能和进度要求的前提条件下，通过采取各种有效管理措施，使其在寿命期内的总费用最低。全寿命周期费用评价是选择不同方案的系统分析方法，以全寿命周期费用为准则，对不同备选方案进行权衡抉择。在分析研究文献资料的基础上，日本全寿命周期费用委员会给出如下全寿命周期费用评价的定义："为了使系统具有经济的全寿命周期费用，在对系统进行分析比较时将全寿命周期费用作为设计的参数作出决策的方法。"

2.1.2　全寿命周期费用研究的发展

全寿命周期费用的研究在国外大致经历了四个发展时期。

第一个时期是全寿命周期费用的酝酿和研究时期，这个时期的时间是 1963—1970 年。1963 年，美国国防部在项目的采办上执行国防资源的宏观管理系统，空军推出了总的一揽子采购策略。在这种情况下，国防部统一规范了武器系统寿命周期费用的构成、定义、计算模型和估算方法。于是开始了对武器系统的寿命周期费用的管理程序、寿命周期费用的估算方法和寿命周期费用相关概念的研究。

第二个时期是全寿命周期费用管理准备实施时期，这个时期的时间是 1971—1975 年。1971 年，美国国防部成立了专门的费用分析和改进小组。在国防部指令中明确提出了按费用设计的思想和要求，在这个时期颁布了一系列的法律法规性文件，制定了一系列费用设计的程序和实施办法，对费用设计的正确含义进行解释是这一时期的工作重点。

第三个时期是全寿命周期费用管理的试行和完善时期，这个时期的时间是 1975—1985 年。对武器系统的使用与保障费用进行细致研究是这一时期的工作重点，原来的费用管理技术和方法中，只是在费用设计的初期对生产费用与研制费用进行分析和估算。随着越来越多的使用与保障费用研究成果的出现，寿命周期费用管理的方法进一步得到发展，对费用进行设计正式发展成为对寿命周期费用进行设计的方法和技术，寿命周期费用管理的概念、方法和程序进一步得到完善。

第四个时期是全寿命周期费用的成熟时期，这个时期的时间是从 1985 年一直持续到现在。20 世纪 80 年代以来，西方国家如美国对其武器装备的管理主要使用了全寿命周期费用分析和设计的方法。武器装备的寿命周期费用管理逐渐处于成熟阶段，寿命周期费用管理已经成为西方国家装备采办的重要管理手段。经过几十年的发展，美国、法国、德国、英国和日本等国家在武器装备系统的研制和立项等过程中明确提出了全寿命周期费用管理，于是全寿命周期费用管理技术逐渐走向成熟。目前，全寿命周期费用分析和管理方法已逐渐走向标准化阶段，并且在军事和经济上都得到了广泛的应用。

20 世纪 80 年代初期我国开始引进和使用全寿命周期费用管理的技术，然后对全寿命周期费用技术进行了深入研究；1993 年颁布了国军标《装备费用 - 效能分析》对寿命周期费用的概念和基本内容做了阐明；1998 年又进一步颁布了《武器装备寿命周期费用估算》，确立了装备寿命周期费用估算的基本方法和步骤。经过多年的研究与发展，全寿命周期费用管理的方法与技术已经在军民领域的大型工程项目应用上取得了良好的经济效益，但总的来说，我国的全寿命周期费用技术研究仍处于初级阶段，研究的工作主要局限在理论的探讨方面，和西方先进国家相比，有关全寿命周期费用的构成、全寿命周期费用的定义、全寿命周期费用的费用数据库建立、全寿命周期费用的估算方法、全寿命周期费用的预测模型等基础性工作还没有达到规范化。

2.1.3 民用飞机全寿命周期费用研究的作用和意义

民用飞机全寿命周期费用是指民用飞机论证、研制、生产、使用和退役各阶段一系列费用的总和。在以往我们的采购工作中，往往更多关注的是采购费用怎么样才能够更便宜些，在选择一个项目的时候，我们关注的也主要是项目所需的成本。但是实际上相关研究表明，像民用飞机这样的大型复杂系统，在其寿命周期费用当中，维持费用包括使用费用、维修费用、保障费用以及动力费用等往往数额巨大，会远远超过采购费用。研究结果表明，许多产品的维持费用是其采购费用的 10 倍到 100 倍之多。因此，越来越多的国家认识到民用飞机进行全寿命费用管理的重要性，在进行方案的选择或者进行采购时采用寿命周期费用的技术具有十分重要的意义。

图 2.1 所示为全寿命周期费用分配图，从中可以明显地看出只有采购费用是裸露在水平线以上的，采购费用在寿命周期费用中的地位是显而易见的，其他费用是"潜藏"着的，如果只看表面现象，仅从水平线以上考虑问题，显然是极不明智和极其危险的。图形中描述的就是所谓的"冰山"效应，"管理的航船"如果不清楚水平线以下冰山的详细情况，就可能作出错误的判断，引起不必要的损失。图 2.2 所示为全寿命周期费用流程图，从时间发展的过程上反映了全寿命周期费用的变化情况。从全寿命周期费用流程图中也可以看出，前期的生产费用和设计费用只占整个寿命周期费用的一小部分，后期的使用保障费用在整个寿命周期费用中所占的比例相对较高，说明仅从短期着眼只关注研制生产费用的做法是不可取的。

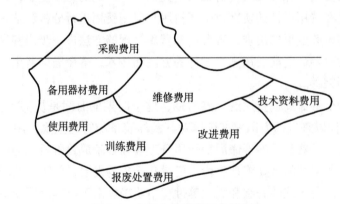

图 2.1 全寿命周期费用分配图

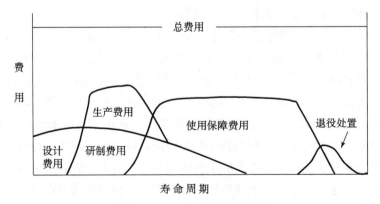

图 2.2 全寿命周期费用流程图

对民用飞机进行全寿命周期费用分析的作用和意义主要表现在以下几个方面：一是对民用飞机全寿命周期费用的深入研究可以使现有经费的使用效益得到充分发挥。目前我国正在集中力量进行经济建设，各方面的经费非常有限，必须重视和加强寿命周期费用的研究，节约有限费用的总体开支，以最低的经济代价取得最优的效果，为研制或改进更多的优质装备提供可能，以适应国家战略需要。二是对民用飞机全寿命周期费用的深入研究可以使我国民用飞机的研制、采购的决策观念得到转变。多年来，重性能、轻费用，以最低研制、采购费用为经济原则等思想一直占主导地位。只有深入进行寿命周期费用研究，才能彻底摒弃这些观念，才能适应由于社会主义市场经济体制的建立引起的采购模式的变化。三是对民用飞机全寿命周期费用的深入研究可以使我国民用飞机的维修性和可靠性得以提高。维修费用与使用保障费用是民用飞机寿命周期费用中最主要的部分，维修性和可靠性又是影响维修费用与使用保障费用的关键因素，对民用飞机寿命周期费用的研究，可以从全局角度把握民用飞机的维修性和可靠性，也可以全面有效地提高维修性和可靠性水平。

2.2　民用飞机全寿命周期费用的构成

对民用飞机的全寿命周期费用进行管理的前提是需要先研究民用飞机的全寿命周期费用的构成。关于民用飞机的全寿命周期费用的构成，最早提出有关概念并且进行研究的是美国国防部防务系统研购审查委员会下属的费用分析改进小组，该小组在 1973 年提出了飞机全寿命周期费用构成，后来的几十年中，有关概念一直在修改完善当中。不同的文献对全寿命周期的阶段划分有不同的提法，总的来看，大致可以把全寿命周期划分为六个阶段：方案演示验证阶段、方案探索阶段、工程研制阶段、生产与部署阶段、使用与保障阶段、退役及报废阶段。方案演示验证阶段、方案探索阶段和工程研制阶段属于研究和试制阶段；生产与部署阶段和使用与保障阶段是采购与使用维护阶段，这两个阶段之间可能有重叠与交叉。在每一个阶段的端点，有这个阶段的审定点，在每个阶段都有该阶段需要完成的工作，本文采用对军用飞机等其他大型系统装备全寿命周期分析的方法，把民用飞机的全寿命期分为研制和改进、生产采购、使用维修和退役处置四个阶段。对同一批型号的其他民用飞机，产品经过设计定型首次投产以后，就不再有研制和改进阶段，只有生产采购阶段、使用维修阶段和退役处置阶段。如果是新型号的民用飞机，则在生产采购阶段之前，还应该有方案探索阶段和样机试制等阶段。但是在生产采购阶段和使用维修阶段之间会有交叉和重叠，在使用维修阶段和退役处置阶段之间也会有交叉和重叠。在每个阶段的使用过程中，民用飞机的性能会随着主要部件的老化而逐渐衰弱，这时我们可以根据性能的改变再将其细分为更小的阶段。

民用飞机全寿命的各阶段和全寿命周期费用的划分如表 2.1 所示。

表 2.1　民用飞机全寿命的各阶段和周期费用的划分

初步设计	批准	全面研制	生产	库存使用维修	退役（淘汰）
研制费用			生产费用	使用保障费用	淘汰费用
购置费用				使用费用	
全寿命周期费用					

在民用飞机全寿命周期的不同阶段，费用的构成也是不一样的，下面将民用飞机全寿命周期各阶段费用要素按照工作分解结构的思想和方法归纳如下：

2.2.1 民用飞机研制费用构成

民用飞机研制阶段的主要工作流程是：首先有总体的构想；其次作出具体的设计，通过样机的实验后获得批准；再次进行研制和改进；最后定型。民用飞机的研制费用是指研制民用飞机所需要的各种费用，包括研制过程中软件和硬件的所有费用。具体的有研制总要求论证费用、立项综合论证费用、定型阶段的费用和工程研制费用。一般来说，民用飞机的研制费用由成本、收益和奖金三部分构成。成本包括直接费用和间接费用两部分，一方面研制民用飞机系统的直接费用属于成本部分的费用，另一方面研制过程中发生的科研管理费用和一些不可预见的间接性费用也属于成本费用。具体地，直接费用包括民用飞机系统总体设计费用、飞机机体设计费用、民用飞机项目论证费用、任务分系统研制费用、系统实验和评定费用、飞行实验机费用、实验及其模拟费用、飞行实验费用、保障分系统研制费用、场地费用、资料费用、筹措飞机研制阶段财务费用等。间接费用按照直接费用的一定比例计算，民用飞机的直接费用与间接费用的比例约为 7∶3。一般情况下，科研管理费用按照不超过直接费用的 15% 计算。不可预见费用根据技术难易程度、研制周期的长短和项目的大小等具体情况确定。关于收益和奖金部分的计算，按成本乘以 5% 计算收益，奖金部分按照双方签订合同的约定执行，但是根据情况而定，并非所有研制项目都有奖金。

2.2.2 民用飞机生产采购费用构成

民用飞机生产采购阶段的主要工作是根据设计要求，进行生产材料准备、生产及出厂前检查、选购、运输等。民用飞机生产采购费用是经过设计、实验定型以后具体投入生产时的各种费用之和，具体包括：生产设备及设施费用、元器件和材料费用、劳动力工资及贴补费用、动力和燃料费用、实验与鉴定费用、生产管理费用、外协费用、质量控制与检验费用、筛选和测试费用、固定资产折旧费用、数据和资料费用、生产开发费用、生产管理费用、工程和生产设备费用、包装和运输费用、初始培训费用、初始备件费用以及质量成本费用等。

2.2.3 民用飞机使用保障费用构成

民用飞机的使用保障费用是指使用阶段在维修保障活动中所有费用之和。和其他武器系统以及军用飞机一样，民用飞机从交付使用一直到退出使用的全过程中一直不断地消耗资源。为了能够对整个使用期间的资源消耗有一个比较准确的估算，我们就需要建立使用保障费用模型。在建立使用保障模型时，我们将民用飞机的资源消耗按照其消耗的过程分为使用活动、维护活动和保障活动三种形式。其中，使用活动是根据使用率来确定的；维护活动是由与维护活动有关的维护性和可靠性指标等系统特性确定的；保障活动是民用飞机正常工作过程中对操作人员和设施的保障，使民用飞机的效能得到最大限度的发挥，其中最重要的是备件的供应保障。

根据使用保障活动的定义，我们把使用保障费用分为使用费用、维修管理费用和保障费用三大类。使用费用分为燃油的消耗费用、润滑油的消耗费用、滑油的消耗费用以及人员费用等。人员费用又分为维修人员费用、操作人员费用和间接人员费用。维修管理费用分为维修器材费用、维修人员训练费用、维修设备费用、故障维修费用、预防维修费用、运输与搬运费用、维修技术资料费用、维修设施费用以及维修活动中的其他费用。保障费用分为医疗保障费用、保障设施费用、备件补充费用、人员补充费用、运输费用和技术资料费用等。

随着民用飞机类型、质量要求、性能、维护方案和使用寿命周期的不同，民用飞机的使用保障费用在各个阶段的分布也各不相同，一般情况下，使用寿命周期越长的，使用保障费用相应越高。就使用寿命周期在 15 ~ 20 年的民用飞机来说，使用保障费用大约占整个民用飞机全寿命周期费用的 50% ~ 90%。21 世纪的民用飞机的使用寿命周期更长，因此使用保障费用在全寿命周期费用中占的比例更高。

2.2.4　民用飞机退役费用构成

处理民用飞机退役过程中所需要的各种费用统称为民用飞机退役费用，退役费用一般包括处理处置费用、拆除费用、人员费用、保障设备费用、回收利用费用、搬运和运输费用等。其中，回收利用费用可以是正值也可以是负值，因此退役阶段的费用特点是既可能会有费用的支出，也可能会有一定的资金收入，到底是需要付出费用还是有资金收入，取决于报废处理的手段。如果是回收或改装，就可以回收资金；如果是销毁更换，就需要付出费用。

民用飞机全寿命周期各费用的构成如图 2.3 所示。

2.2.5　民用飞机全寿命周期费用结构

在对民用飞机全寿命周期费用的结构分解以后，每年都可以求出一个由研制费用、生产采购费用、使用保障费用和退役处理费用构成的费用值，按照这样的过程在 T 年中的每一年求出一个分阶段的费用值，然后可以累积求出民用飞机的全寿命周期费用，即有

$$\text{LCC} = \sum_{m=1}^{T} (C_d + C_p + C_D + C_e)_m \qquad (2-1)$$

式中，LCC 为飞机全寿命周期费用；C_d 为研制发展费用；C_p 为生产阶段费用；C_D 为使用保障费用；C_e 为报废处理费用。

民用飞机的全寿命周期费用随时间的变化关系如图 2.4 所示。

民用飞机的全寿命周期费用大小主要是在研制阶段的各个子阶段确立的。一般来说，在民用飞机全寿命周期费用中，研制费用占 10% ~ 15%，采购费用占 20% ~ 25%，使用保障费用占 60% ~ 70%。民用飞机的使用保障费用占到全寿命周期费用的 70%。根据著名的帕累托（PARETO）曲线，在民用飞机全寿命周期费用中，方案研究结束时，全寿命周期费用的 75% 已经决定；方案阶段结束时，全寿命周期费用的 85% 已经决定；研制阶段结束时，全寿命周期费用的 95% 已经决定。使用保障阶段对全寿命周期费用的影响只占 1%。民用飞机全寿命费用关系如图 2.5 所示。

因为也许研制费用的少量增加就可能导致民用飞机全寿命周期费用的大幅度减少，所以在民用飞机的研制阶段，特别是在民用飞机的方案构想与设计的初期阶段，提前考虑全寿命周期费用的各种因素的影响是极其重要的。一旦在研制期间确定了费用指标，要想在研制过程中控制费用使其达到这一指标，就需要在进度、费用、性能和使用能力之间进行综合权衡。因此就要求我们从研制阶段开始，正确分析估算成本费用，在提出使用能力指标的同

时，提出全寿命周期费用指标。这样就能保证在限定的费用范围内研制出技术性能最好的民用飞机。

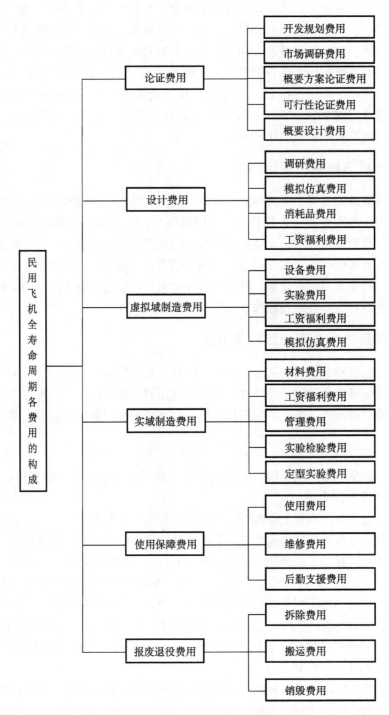

图2.3　民用飞机全寿命周期各费用的构成

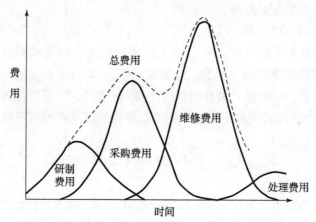

图2.4　民用飞机的全寿命周期费用随时间的变化关系

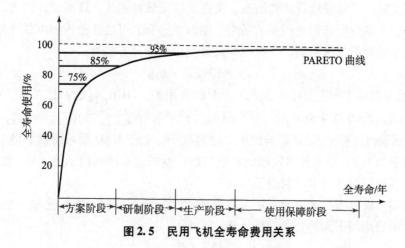

图2.5　民用飞机全寿命费用关系

2.3　民用飞机全寿命周期费用估算

按照以上讨论，把民用飞机的全寿命周期费用从阶段上划分为：研制阶段费用、生产阶段费用和使用阶段费用。各阶段费用计算模型如下：

2.3.1　民用飞机研制阶段费用计算

民用飞机在研究实验等阶段所需要的费用的总和统称为民用飞机的研制阶段费用。研制阶段费用的影响因素很多，比如飞机的类别、竞争因素、民用航空在国家经济中的地位以及民用航空运输政策等。研制的周期越长，采用的技术越复杂，系统越庞大，研制费用就会越高。按照对民用飞机研制阶段费用结构域构成的分析结果，民用飞机研制阶段费用的计算公式如下：

$$C_{RDTE} = C_{DSTR} + C_{ACDR} + C_{TSFR} + C_{FTOR} + C_{FTAR} + C_{FIAR} \qquad (2-2)$$

式中，C_{RDTE}表示民用飞机研制阶段费用；C_{DSTR}表示飞机试制和实验费用；C_{ACDR}表示飞机机体设计费用；C_{TSFR}表示实验及模拟设施费用；C_{FTOR}表示飞行实验费用；C_{FTAR}表示飞行实验机费用；C_{FIAR}表示筹措飞机研制阶段财务费用。

飞机试制和实验费用由下面的公式计算：

$$C_{DSTR} = 0.008\ 325(W_{AMPR})^{0.873} \times (V_{MAX})^{1.89} \times (N_{RDTE})^{0.346} \times F_{DIFF} \qquad (2-3)$$

式中，V_{MAX} 表示飞机最大飞行速度；N_{RDTE} 表示研制阶段制造的飞机架数，包括实验生产的飞机机体数和飞行实验所需要的飞机数，这里取 $N_{RDTE} = 2 \sim 8$；F_{DIFF} 表示在引进新型号飞机时进行难度评判的因子，一般飞机项目的难度评判因子取 1，中等程度先进技术的飞机项目的难度评判因子取 1.5，非常尖端先进技术的飞机项目的难度评判因子取 2；W_{AMPR} 表示飞机制造计划质量。计算公式为：

$$W_{AMPR} = 1/\lg[0.193\ 6 + 0.864\ 5(\lg W_{TO})] \qquad (2-4)$$

式中，W_{TO} 表示飞机起飞质量。

飞机机体设计的构成有：系统一体化和初步设计研究、概念性设计规划和有关的成本研究、样机和风洞模型的设计、样机的发动机实验工程、风洞实验的模型、竞争力实验、研究性实验、系统实验、实验设施设计和制造、文件图样发放和修改、详细设计改进、更改设计的分析与合并、与供应商和制造厂商的联络、维修性分析、可达性分析和可靠性分析、工艺材料和其他成品的详细技术汇编。飞机机体设计费用的计算方法为：

$$C_{ACDR} = MHR_{ACDR} \cdot R_{ER} \qquad (2-5)$$

式中，R_{ER} 表示与机体工程有关的工程人工小时的费用率；MHR_{ACDR} 表示总工程工时。

$$MHR_{ACDR} = 0.039\ 6(W_{AMPR})^{0.791} \times (V_{MAX})^{1.526} \times (N_{RDTE})^{0.183} \times F_{DIFF} \times F_{CAD} \qquad (2-6)$$

式中，F_{CAD} 表示设计过程受 CAD 影响的成本评判因子，处于 CAD 学习阶段的航空制造厂商的成本评判因子为 1.2，手工技术绘图的航空制造厂商的成本评判因子为 1.0，使用 CAD 已有经验的航空制造厂商的成本评判因子为 0.8。

在研制民用飞机过程中建造的专用实验设备称为实验及模拟设施，比如飞机控制软件，实验及模拟设施费用用下面的公式进行计算：

$$C_{TSFR} = F_{TSF} \cdot N_{RDTE} \qquad (2-7)$$

具体计算时，如果民用飞机研制过程中需要额外设施，则取 $F_{TSF} = 0.20$；如果不需要额外设施，则取 $F_{TSF} = 0$。

飞行实验费用的计算公式为：

$$C_{FTOR} = 0.001\ 244(W_{AMPR})^{1.160} \times (V_{MAX})^{1.371} \times (N_{RDTE} - N_{ST})^{1.281} \times F_{DIFF} \qquad (2-8)$$

式中，N_{ST} 表示静力实验机和疲劳实验机的架数。飞行实验机费用的计算公式为：

$$C_{FTAR} = C_{(E+A)R} + C_{MANR} + C_{MATR} + C_{TOOLR} + C_{QCR} \qquad (2-9)$$

式中，$C_{(E+A)R}$ 表示航空电子设备及发动机的费用，计算公式为：

$$C_{(E+A)R} = (C_{ER} \cdot N_E + C_{PR} \cdot N_P + C_{AVI})(N_{RDTE} - N_{ST}) \qquad (2-10)$$

式中，C_{ER} 表示每台发动机价格；C_{PR} 表示单个螺旋桨费用；C_{AVI} 表示每架飞机航空电子设备费用；N_E 表示每架飞机发动机台数；N_P 表示每架发动机螺旋桨数。C_{MANR} 表示制造人工费用，计算公式为：

$$C_{MANR} = MHR_{MANR} \cdot R_{MR} \qquad (2-11)$$

式中，R_{MR} 表示制造工时费用率；MHR_{MANR} 表示制造工时，计算公式为：

$$MHR_{MANR} = 28.984(W_{AMPR})^{0.74} \times (V_{MAX})^{0.543} \times (N_{RDTE})^{0.52} \times F_{DIFF} \qquad (2-12)$$

C_{MATR} 表示制造材料费用，计算公式为：

$$C_{\text{MATR}} = 37.632(F_{\text{MAT}}) \times (W_{\text{AMPR}})^{0.639} \times (V_{\text{MAX}})^{0.624} \times (N_{\text{RDTE}})^{0.792} \qquad (2-13)$$

式中，F_{MAT} 表示修正系数，它的取值由飞机的结构决定，以铝合金为主体的机体结构 F_{MAT} 取值为 1.0，以不锈钢为主体的机体结构 F_{MAT} 取值为 1.5，以碳复合材料和锂/铝复合材料为主体的机体结构取值为 2.0，以全碳复合材料为主体的机体结构 F_{MAT} 取值为 3.0。C_{TOOLR} 表示工装费用，计算公式为：

$$C_{\text{TOOLR}} = \text{MHR}_{\text{TOOLR}} \cdot R_{\text{TR}} \qquad (2-14)$$

式中，R_{TR} 表示工装工时费用率；

$\text{MHR}_{\text{TOOLR}}$ 表示工装小时，计算公式为：

$$\text{MHR}_{\text{TOOLR}} = 4.0127(W_{\text{AMPR}})^{0.764} \times (V_{\text{MAX}})^{0.899} \times (N_{\text{RDTE}})^{0.176} \times (N_{\text{RR}})^{0.066} \times F_{\text{DIFF}}$$

$$(2-15)$$

式中，N_{RR} 表示研制阶段每月的生产率，一般取为 0.33 架/月。C_{QCR} 表示质量控制费用，计算公式为：

$$C_{\text{QCR}} = 0.13(C_{\text{MANR}}) \qquad (2-16)$$

在民用飞机研制阶段用于筹措资金的费用的计算公式为：

$$C_{\text{FIAR}} = C_{\text{RDTE}} \cdot F_{\text{FINR}} \qquad (2-17)$$

式中，$F_{\text{FINR}} = 0.1 \sim 0.2$，具体取值的大小取决于利率。

2.3.2 民用飞机生产阶段费用计算

民用飞机生产阶段费用的计算公式为

$$C_{\text{ACQ}} = (E + F + T + L + M + Q + P + H) \cdot F_{\text{FINM}} \qquad (2-18)$$

式中，E 表示机体工程与设计费用；F 表示实验过程中的试飞费用；T 表示工装费用；L 表示生产过程中的劳务费用；M 表示制造材料费用；Q 表示质量控制费用；P 表示电子设备等成品采购费用和发动机费用；H 表示客机内部的设施费用；F_{FINM} 表示生产阶段的筹款利息，一般情况下取值为 1.1。

民用飞机机体工程和设计包括：风洞实验模型、机体设计研究、发动机与样机实验、生产阶段的可靠性分析、研制工作费用以及静力实验机图样和系统技术文件的保管和发放。民用飞机机体工程与设计费用的计算公式为：

$$E = 0.0396(W_{\text{AMPR}})^{0.791} \times (V_{\text{MAX}})^{1.526} \times N^{0.183} \times F_{\text{DIFF}} \times F_{\text{CAD}} \times C_{\text{H}} \qquad (2-19)$$

式中，C_{H} 表示每小时工程费用；N 表示生产与研制阶段产量总和。

在试飞阶段，飞机的试飞费用计算公式为：

$$F = 4N_{\text{P}} \cdot \text{TOC} \cdot t \qquad (2-20)$$

式中，t 表示试飞的时间；N_{P} 表示飞机产量；TOC 表示飞行一次的费用。

工装费用具体又可以分解为工装计划费用、制造费用、设计费用、工具费用、测试费用、生产实验设备费用、维修等工时与费用。计算公式为：

$$T = 4.0127(W_{\text{AMPR}})^{0.764} \times (V_{\text{MAX}})^{0.899} \times N^{0.178} \times R^{0.066} \times C_{\text{H}} \times F_{\text{DIFF}} \qquad (2-21)$$

式中，R 表示飞机每月的生产率。

制造劳务费用包括热表处理费用、钣金费用、机加费用、总体安装和部分安装机体的费用。计算公式为：

$$L = 28.984 \left(W_{\text{AMPR}} \right)^{0.74} \times \left(V_{\text{MAX}} \right)^{0.543} \times N^{0.542} \times C_{\text{H}} \times F_{\text{DIFF}} \qquad (2-22)$$

制造材料费用的计算公式为：

$$M = 37.632 \left(W_{\text{AMPR}} \right)^{0.689} \times \left(V_{\text{MAX}} \right)^{0.624} \times N^{0.792} \times C_{\text{H}} EF \times Y \qquad (2-23)$$

式中，Y 表示修正系数，其取值根据飞机的主体结构进行决定，对于飞机的主体结构分别为铝合金的结构、不锈钢的结构、传统复合材料或锂/铝合金的结构以及碳纤维复合材料结构，Y 的取值分别为 1、1.5、2.5 和 3。

质量控制的平均水平按照总制造工时的 13% 进行处理，所以质量控制费用用下面的公式计算：

$$Q = 0.13L \qquad (2-24)$$

发动机费用的计算公式为：

$$P_{\text{FDJ}} = 59.25 \left(T_{\text{CRU}}^{0.88} / \text{sfc}^{2.58} \right) + 118.5 \qquad (2-25)$$

式中，sfc 表示耗油率。在本书中，按照飞机的生产制造费用的 10% 计算电子设备费用，也就是遵照一般的统计规律，使用直接采购成品的费用。

$$P = 0.1 C_{\text{ACQ}} \qquad (2-26)$$

民用飞机客机的内部设施费用用下面的公式计算：

$$H = B \cdot e \cdot N \qquad (2-27)$$

式中，B 表示座位每座成本；e 表示每架飞机的座位数。

2.3.3 民用飞机使用阶段费用计算

民用飞机的使用费用是各种与民用飞机营运相关的费用的和，可分为直接使用费用和间接使用费用，直接使用费用是与飞机营运直接相关的费用，间接使用费用是与飞机营运不直接相关的费用。飞机使用阶段费用的计算公式如下：

$$\text{TOC} = \text{DOC} + \text{IOC} \qquad (2-28)$$

式中，TOC 表示使用的总费用；DOC 表示直接使用费用；IOC 表示间接使用费用。一类飞机项目在寿命周期内的使用阶段成本为：

$$C_{\text{OPS}} = \text{TOC} \cdot U \cdot D_{\text{P}} \qquad (2-29)$$

式中，U 表示飞机每年的轮挡小时，本书以 400 h 计算；D_{P} 表示飞机的折旧周期，本书取为 15 年。

国外计算直接运营费用的方法有很多，本书采用国内航空公司计算方法，用以下公式计算：

$$\text{DOC} = \text{DPP} + \text{IP} + \text{ISP} + C_{\text{RY}} + C_{\text{JC}} + C_{\text{WX}} \qquad (2-30)$$

式中，DPP 表示直接运营成本折旧费用；IP 表示利息；ISP 表示保险费用；C_{RY} 表示燃油费用；C_{JC} 表示机场服务费用；C_{WX} 维修费用。

飞机直接运营成本折旧费用的计算公式为：

$$\text{DPP} = \frac{\text{TIP} \times (1 - R_{\text{V}})}{D_{\text{P}} U} \qquad (2-31)$$

式中，R_{V} 表示飞机的残值率，据有关规定按照民用飞机售价的 5% 计算；TIP 表示飞机总投资数。

$$\text{TIP} = P_{\text{FJ}} + 0.10 (P_{\text{FJ}} - P_{\text{FDJ}} \times N_{\text{E}}) + 0.30 (P_{\text{FDJ}} \times N_{\text{E}}) \qquad (2-32)$$

飞机利息的计算公式如下：

$$IP = \frac{TIP \times RIN}{D_P U} \qquad (2-33)$$

式中，RIN 表示利率，这里取作 5%。

飞机保险费用的计算公式为：

$$ISP = \frac{RINS \times P_{FJ}}{U} \qquad (2-34)$$

式中，RINS 表示保险费率，这里取作 1%。

用于支付机组人员的费用和空勤人员的飞行津贴费用为民用飞机的机组费用，这里飞机机组费用定于 75 美元/轮挡小时。

一次运行燃油费用的计算公式为：

$$C_{RY} = P_{RY} \cdot W_F \qquad (2-35)$$

式中，W_F 表示飞机燃油质量；P_{RY} 表示每千克燃油费用。

机场服务费用的计算公式为：

$$C_{JC} = \frac{(15.34 W_{TO} + 34e + 65 W_P + 6 W_F + 0.3 R_{DES} + 160)}{t_B} \qquad (2-36)$$

式中，e 表示飞机的载客数；W_{TO} 表示飞机的起飞质量；W_P 表示商载；t_B 表示飞机轮挡时间；R_{DES} 表示飞机的设计航程。

飞机维修费用的计算公式为：

$$C_{WX} = AFL + AFM \qquad (2-37)$$

式中，AFL 表示飞机维修劳务费用，计算公式为：

$$AFL = \frac{12[0.09 W_{AF} + 6.7 - 630/(1.9 W_{AF} + 123)][1 + 0.59(t_B - 0.25)]}{t_B} \qquad (2-38)$$

式中，W_{AF} 表示劳务计价质量，计算公式为：

$$W_{AF} = W_{OE} \cdot 1.05 \qquad (2-39)$$

AFM 表示机体维修材料费，计算公式为：

$$AFM = \frac{0.01 \cdot [6.24 + 3.08(t_B - 0.25) \cdot (P_{FJ} - P_{FDJ} \cdot N_E)]}{t_B} \qquad (2-40)$$

式中，P_{FDJ} 表示飞机发动机费用；P_{FJ} 表示单机成本。

飞机间接运营费用包括飞机上管理人员与乘务员的工资以及与飞机服务相关的服务管理费用。由于员工工资等其他一些因素不方便用量化的方法估算，并且间接运营费用在不同经营者之间变化非常大，间接运营费用变化上具有非线性趋势，总体呈不稳定状态，因此本书不具体计算飞机运营阶段的间接费用，根据统计结果，将间接运营费用（IOC）直接表示为使用阶段费用（TOC）的 47%，即：

$$IOC = 0.47(TOC) \qquad (2-41)$$

2.4　基于全寿命周期费用构成的民用飞机费用及其参数优化实例

本书以双发涡扇公务机为研究对象，进行寿命周期费用及其他参数的优化。根据前文对民用飞机全寿命周期费用构成的分析，把飞机的全寿命周期费用分成四个阶段，即研制费用、生产采购费用、使用保障费用和处置费用。由于对飞机退役处置阶段的费用估算难度比较大，并且退役处置阶段费用在飞机全寿命周期费用中所占比例很小，因此下面将退役处置阶段的费用忽略掉，只计算其他三个阶段的费用。各部分的计算方法已经在2.3节中给出详细过程。综合分析式（2-3）~式（2-41）中的未知参数的情况，最终确定优化过程中的决策变量分别为：飞机起飞质量、飞机巡航速度、飞机设计航程、飞机载客数和生产架次，参照现有的统计数据结果，以上变量的具体设定情况如表2.2所示。

表2.2 决策变量的设置

参数名称	参数符号	取值范围
飞机起飞质量	W_{TO}	20 ~ 70
飞机巡航速度	V_{CRU}	630 ~ 960
飞机设计航程	R_{DES}	3 000 ~ 9 000
飞机载客数	e	5 ~ 25
生产架次	N	100 ~ 2 000

对于民用飞机而言，除了以上讨论的参数之外，制约其使用范围的主要因素还有飞机着陆场长与飞机起飞场长，因此跑道长度也是民用飞机设计的一个重要指标。当今主流双发涡扇公务机有关数据显示，该类飞机最长的着陆滑跑距离不超过1 400 m，最长的起飞场长不超过1 800 m，故在下面的计算过程中，约束条件为：

$$S_{TO} \leqslant 1\ 800\ \text{m} \tag{2-42}$$

$$S_{L} \leqslant 1\ 400\ \text{m} \tag{2-43}$$

在飞机总体设计阶段，因为无法获得参数的更多详细情况，所以进行飞机全寿命周期费用的优化和估算就比较困难。以往文献对二十多种双发涡扇公务机的几何参数数据和性能数据进行分析，有意义地估算飞机全寿命周期费用关系的结论有：

燃油质量的计算公式为：

$$W_{F} = 0.083\ 96 W_{TO}^{1.151\ 1} \tag{2-44}$$

单机成本的计算公式为：

$$P_{FJ} = 104.029 W_{OE} - 14.016 \tag{2-45}$$

发动机费用的计算公式为：

$$P_{FDJ} = 59.25 \left(T_{CRU}^{0.88} / \text{sfc}^{2.58} \right) + 118.5 \tag{2-46}$$

综上可得，民用飞机全寿命周期中各阶段费用的计算公式如下：

$$\begin{aligned} C_{RDTE} = &\ 6.326\ 8 (W_{AMPR})^{0.791} (V_{CRU})^{1.562} + 0.033\ 28 (W_{AMPR})^{0.873} (V_{CRU})^{1.89} + 1\ 040 P_{FDJ} + \\ & 666\ 5.916\ 4 (W_{AMPR})^{0.74} (V_{CRU})^{0.543} + 430.445 (W_{AMPR})^{0.639} (V_{CRU})^{0.624} + \\ & 524.329 (W_{AMPR})^{0.764} (V_{CRU})^{0.899} + 0.014\ 3 (W_{AMPR})^{1.160} (V_{CRU})^{1.371} \end{aligned} \tag{2-47}$$

$$\begin{aligned} C_{ACQ} = &\ 5.227\ 2 (W_{AMPR})^{0.791} (V_{CRU})^{1.562} N^{0.183} + 711.886\ 3 (W_{AMPR})^{0.764} (V_{CRU})^{0.899} N^{0.178} + \\ & 5\ 404.068\ 8 (W_{AMPR})^{0.74} (V_{CRU})^{0.543} N^{0.542} + 62.092\ 8 (W_{AMPR})^{0.639} (V_{CRU})^{0.624} N^{0.792} + \\ & 550 e N + 200 P_{FDJ} N \end{aligned} \tag{2-48}$$

$$C_{OPS} = \frac{51P_{FJ} + 4P_{FDJ}}{3.18} + 47.17U \cdot D_P + \frac{U \cdot D_P}{0.53t_B} \cdot$$

$$[86W_F + 15.34W_{TO} + 34e + 65W_P + 0.3R_{DES} + 160 + (0.0547 + 0.0308t_B)(P_{FJ} -$$

$$P_{FDJ})] \tag{2-49}$$

优化目标函数为：

$$f(V_{CRU}, W_{TO}, e, R_{DES}, N) = \frac{C_{RDTE}}{N_{RDTE}} + \frac{C_{ACQ}}{N} + 0.138C_{OPS} \tag{2-50}$$

式中，N_{RDTE} 表示在设计阶段的民用飞机试制架数，这里取 $N_{RDTE} = 8$。

利用遗传算法进行计算，结果如表 2.3 所示。

表 2.3　优化结果

参数名称	参数符号	优化值
飞机起飞质量	W_{TO}	35.629
飞机巡航速度	V_{CRU}	738.6
飞机设计航程	R_{DES}	7 536.7
飞机载客数	e	13.39
生产架次	N	1 358.233
全寿命周期费用	C_{LCC}	3 816（万美元）

从计算结果可以看出，与同类飞机相比，优化的结果中飞机的飞行速度并没有达到最大，这也表明对飞机飞行速度的单纯盲目的追求只能导致飞机费用的增加。另外，从计算过程中可以看出，当飞行航程较大的时候，费用将会相对降低。剩余其他参数如飞机起飞质量、飞机载客数的优化结果基本符合当前该类飞机的主流参数范围。最优生产架次结果是1 358架，说明对于飞机工业来讲大规模的生产有重要的意义。

2.5　本章小结

本章简介了全寿命周期费用的概念、发展及其重要意义，对民用飞机的全寿命周期费用进行了研究，具体分析了民用飞机的全寿命周期，对民用飞机全寿命周期费用的构成与结构进行了讨论。在对民用飞机的结构构成分析的基础上建立民用飞机全寿命周期费用计算模型，通过实例对民用飞机全寿命周期费用及其他参数进行了估算和优化。建立的模型方法以及结论有一定的工程参考价值和理论意义。

第三章 民用飞机费用—效能权衡优化的灰色可能性测度规划（GPMP）模型研究

民用飞机研制项目的复杂程度高、新技术含量高，在民用飞机全寿命周期费用与效能等指标的权衡优化过程中也存在着大量的不确定性。由于民用飞机的全寿命周期费用的相关数据比较少，信息比较贫乏，因此在这些不确定性当中主要呈现出一定的灰色特征。鉴于这些灰色不确定因素的存在，在对民用飞机全寿命周期费用和效能进行权衡优化时，传统的规划理论和经典的优化方法显得无能为力。为了解决这一类问题，本章引进灰色变量及其可能性测度，把优化问题中含有灰色变量的目标函数或约束函数作为灰色不确定函数，分别从目标函数的期望值最优、灰色约束条件以一定的置信水平成立以及极大化灰色事件实现的可能性等几个方面建立灰色可能性测度规划（Grey Probability Measure Programming）模型（GPMP模型）。一方面基于可能性测度的角度给出了灰色可能性约束规划、灰色可能性相关规划和灰色期望值规划模型的一些基本概念和理论，建立灰色可能性测度规划模型并且研究其求解方法，丰富以往的灰色数学规划理论。另一方面为灰色不确定条件下民用飞机的费用—效能的综合权衡优化提供方法基础。

3.1 灰色变量的可能性测度

当民用飞机费用—效能权衡优化的过程中含有灰色变量时，传统的数学规划已经不能对其进行求解，含有灰色变量的约束条件和目标函数也不能再按照通常的意义去理解，下面我们来讨论在数学规划问题中含有灰色变量的时候相应的理论和算法。

3.1.1 可能性测度

为了描述不确定事件 A 发生的可能性的大小，我们引进事件 A 发生的可能性测度 $\mathrm{Pr}\{A\}$。用可能性测度 $\mathrm{Pr}\{A\}$ 描述事件 A 发生的可能性时，它需要满足一些数学性质，用来保证 $\mathrm{Pr}\{A\}$ 在实际应用中的合理性，其中以下四条公理是必须满足的。

在下面的讨论过程中，用 Θ 表示非空集合，$p(\Theta)$ 表示 Θ 的幂集。

公理1 $\mathrm{Pr}\{\Theta\}=1$

公理2 $\mathrm{Pr}\{\varnothing\}=0$

公理3 对于 $p(\Theta)$ 中的任意集合 $\{A_i\}$，$\mathrm{Pr}\{\cup_i A_i\}=\sup_i \mathrm{Pr}\{A_i\}$。

公理4 如果 Θ_i 是非空集合，其上定义的 $\mathrm{Pr}_i\{\cdot\}$，$i=1,2,\cdots,n$，满足前三条公理，并且 $\Theta=\Theta_1\times\Theta_2\times\cdots\times\Theta_n$，则对于每一个 $A\in p(\Theta)$，

$$\Pr\{A\} = \sup_{(\Theta_1, \Theta_2, \cdots, \Theta_n) \in A} \Pr_1\{\Theta_1\} \wedge \Pr_2\{\Theta_2\} \wedge \cdots \wedge \Pr_n\{\Theta_n\}$$

记作 $\Pr = \Pr_1 \wedge \Pr_2 \wedge \cdots \wedge \Pr_n$。

定义 3.1　假设 Θ 为非空集合，$p(\Theta)$ 为 Θ 的幂集，如果 $\Pr$ 满足公理 1 ~ 公理 3，则称 $\Pr$ 为可能性测度。

定义 3.2　假设 Θ 为非空集合，$p(\Theta)$ 为 Θ 的幂集，如果 $\Pr$ 是满足公理 1 ~ 公理 3 的可能性测度，则把三元组 $(\Theta, p(\Theta), \Pr)$ 称为可能性空间。

定理 3.1　$(\Theta, p(\Theta), \Pr)$ 是一个可能性空间，我们有

(1) 对于任何 $A \in p(\Theta)$，$0 \leqslant \Pr\{A\} \leqslant 1$；

(2) 如果 $A \subset B$，则有 $\Pr\{A\} \leqslant \Pr\{B\}$；

(3) 对于任何 $A, B \in p(\Theta)$，$\Pr\{A \cup B\} \leqslant \Pr\{A\} + \Pr\{B\}$。

证明　(1) 由 $\Theta = A \cup A^c$，可知 $\Pr\{A\} \vee \Pr\{A^c\} = \Pr\{\Theta\} = 1$，从而 $\Pr\{A\} \leqslant 1$。另外，由 $A = A \cup \varnothing$ 可以知道 $\Pr\{A\} \vee 0 = \Pr\{A\}$，从而 $\Pr\{A\} \geqslant 0$。因此，对于 $A \in p(\Theta)$，有 $0 \leqslant \Pr\{A\} \leqslant 1$。

(2) 如果 $A \subset B$，则存在集合 C 满足 $B = A \cup C$。由 $\Pr\{A\} \vee \Pr\{C\} = \Pr\{B\}$，可知 $\Pr\{A\} \leqslant \Pr\{B\}$。

(3) 对于任何 $A, B \in p(\Theta)$，$\Pr\{A \cup B\} = \Pr\{A\} \vee \Pr\{B\} \leqslant \Pr\{A\} + \Pr\{B\}$。

定义 3.3　如果 $\otimes$ 是一个从可能性空间三元组 $(\Theta, p(\Theta), \Pr)$ 到实直线 R 上的函数，则称 $\otimes$ 是一个灰色变量。

定义 3.4　假设 $\otimes$ 是可能性空间三元组 $(\Theta, p(\Theta), \Pr)$ 上的灰色变量，我们称

$$\otimes_\alpha = \{\otimes(\theta) \mid \theta \in \Theta, \Pr\{\theta\} \geqslant \alpha\} \tag{3-1}$$

是 $\otimes$ 的 α 水平集，而集合 $\{\otimes(\theta) \mid \theta \in \Theta, \Pr\{\theta\} \geqslant \alpha\}$ 称为 $\otimes$ 的支撑。

定义 3.5　假设 $\otimes$ 是可能性空间三元组 $(\Theta, p(\Theta), \Pr)$ 上的灰色变量，$\otimes$ 的白化权函数 $\varphi(x)$ 是一非负连续可积函数，

$$f(x) = \frac{\varphi(x)}{\int_a^b \varphi(t)\,dt} \tag{3-2}$$

$$F(x) = \frac{\int_a^x \varphi(z)\,dz}{\int_a^b \varphi(t)\,dt} \tag{3-3}$$

则称 $f(x)$ 为 $\otimes$ 的可能性分布的密度函数；$F(x)$ 为 $\otimes$ 的可能性的分布函数。

3.1.2　期望值算子

定义 3.6　假设 $\otimes$ 是可能性空间三元组 $(\Theta, p(\Theta), \Pr)$ 上的灰色变量，我们称

$$E(\otimes) = \int_0^{+\infty} \Pr\{\otimes \geqslant r\}\,dr - \int_{-\infty}^0 \Pr\{\otimes \leqslant r\}\,dr \tag{3-4}$$

为灰色变量 $\otimes$ 的期望值算子。

定理 3.2　设 $f(x)$ 为灰色变量 $\otimes$ 的可能性分布的密度函数，若

$$\int_{-\infty}^{+\infty} x f(x)\,\mathrm{d}x \tag{3-5}$$

存在且有限，则

$$E(\otimes) = \int_{-\infty}^{+\infty} x f(x)\,\mathrm{d}x \tag{3-6}$$

证明

$$E(\otimes) = \int_{0}^{+\infty} \Pr\{\otimes \geqslant r\}\,\mathrm{d}r - \int_{-\infty}^{0} \Pr\{\otimes \leqslant r\}\,\mathrm{d}r$$

$$= \int_{0}^{+\infty}\Big[\int_{r}^{+\infty} f(x)\,\mathrm{d}x\Big]\mathrm{d}r - \int_{-\infty}^{0}\Big[\int_{-\infty}^{r} f(x)\,\mathrm{d}x\Big]\mathrm{d}r$$

$$= \int_{0}^{+\infty}\Big[\int_{0}^{x} f(x)\,\mathrm{d}x\Big]\mathrm{d}r - \int_{-\infty}^{0}\Big[\int_{x}^{0} f(x)\,\mathrm{d}x\Big]\mathrm{d}r$$

$$= \int_{0}^{+\infty} x f(x)\,\mathrm{d}x + \int_{-\infty}^{0} x f(x)\,\mathrm{d}x$$

$$= \int_{-\infty}^{+\infty} x f(x)\,\mathrm{d}x$$

定理 3.3 假设 $\otimes$ 是可能性空间三元组 $(\Theta, p(\Theta), \Pr)$ 上的灰色变量，且期望值有限，则对任意实数 a 和 b，有

$$E(a\otimes + b) = aE(\otimes) + b \tag{3-7}$$

证明 为了证明式（3-7）成立，只需验证 $E(\otimes + b) = E(\otimes) + b$ 以及 $E(a\otimes) = aE(\otimes)$。根据期望值算子的定义，当 $b \geqslant 0$ 时，

$$E(\otimes + b) = \int_{0}^{+\infty} \Pr\{\otimes + b \geqslant r\}\,\mathrm{d}r - \int_{-\infty}^{0} \Pr\{\otimes + b \leqslant r\}\,\mathrm{d}r$$

$$= \int_{0}^{+\infty} \Pr\{\otimes \geqslant r - b\}\,\mathrm{d}r - \int_{-\infty}^{0} \Pr\{\otimes \leqslant r - b\}\,\mathrm{d}r$$

$$= E(\otimes) + \int_{0}^{b} (\Pr\{\otimes \geqslant r - b\} + \Pr\{\otimes \leqslant r - b\})\,\mathrm{d}r$$

$$= E(\otimes) + b$$

当 $b < 0$ 时，

$$E(\otimes + b) = E(\otimes) - \int_{b}^{0} (\Pr\{\otimes \geqslant r - b\} + \Pr\{\otimes \leqslant r - b\})\,\mathrm{d}r$$

$$= E(\otimes) + b$$

如果 $a = 0$，则等式显然成立。如果 $a \neq 0$，则

$$E(a\otimes) = \int_{0}^{+\infty} \Pr\{a\otimes \geqslant r\}\,\mathrm{d}r - \int_{-\infty}^{0} \Pr\{a\otimes \leqslant r\}\,\mathrm{d}r$$

$$= \int_{0}^{+\infty} \Pr\Big\{\otimes \geqslant \frac{r}{a}\Big\}\,\mathrm{d}r - \int_{-\infty}^{0} \Pr\Big\{\otimes \leqslant \frac{r}{a}\Big\}\,\mathrm{d}r$$

$$= a\int_{0}^{+\infty} \Pr\Big\{\otimes \geqslant \frac{r}{a}\Big\}\,\mathrm{d}\Big(\frac{r}{a}\Big) - a\int_{-\infty}^{0} \Pr\Big\{\otimes \leqslant \frac{r}{a}\Big\}\,\mathrm{d}\Big(\frac{r}{a}\Big)$$

$$= aE(\otimes)$$

下面证明 $E(-\otimes) = -E(\otimes)$，实际上，

$$E(-\otimes) = \int_0^{+\infty} \Pr\{-\otimes \geq r\}\,\mathrm{d}r - \int_{-\infty}^0 \Pr\{-\otimes \leq r\}\,\mathrm{d}r$$

$$= \int_0^{+\infty} \Pr\{\otimes \leq -r\}\,\mathrm{d}r - \int_{-\infty}^0 \Pr\{\otimes \geq -r\}\,\mathrm{d}r$$

$$= \int_{-\infty}^0 \Pr\{\otimes \leq r\}\,\mathrm{d}r - \int_0^{+\infty} \Pr\{\otimes \geq r\}\,\mathrm{d}r$$

$$= -E(\otimes)$$

因此，等式 $E(a\otimes) = aE(\otimes)$ 成立，定理证毕。

定理 3.4　设灰色变量 $\otimes^{(1)}$，$\otimes^{(2)}$ 分别具有有限期望值，则

$$E(\otimes^{(1)} + \otimes^{(2)}) = E(\otimes^{(1)}) + E(\otimes^{(2)}) \tag{3-8}$$

证明　定义

$$\otimes_i^{(1)}(\omega) = \begin{cases} \otimes^{(1)}(\omega), & \otimes^{(1)}(\omega) \geq -i, \\ -i, & \text{其他情形;} \end{cases}$$

$$\otimes_i^{(2)}(\omega) = \begin{cases} \otimes^{(2)}(\omega), & \otimes^{(2)}(\omega) \geq -i, \\ -i, & \text{其他情形。} \end{cases}$$

由于 $\otimes^{(1)}$，$\otimes^{(2)}$ 分别具有有限期望值，从而

$$\lim_{i \to \infty} E(\otimes_i^{(1)}) = E(\otimes^{(1)}), \lim_{i \to \infty} E(\otimes_i^{(2)}) = E(\otimes^{(2)}),$$

$$\lim_{i \to \infty} E(\otimes_i^{(1)} + \otimes_i^{(2)}) = E(\otimes^{(1)} + \otimes^{(2)})$$

因此

$$E(\otimes^{(1)} + \otimes^{(2)}) = \lim_{i \to \infty} E(\otimes_i^{(1)} + \otimes_i^{(2)})$$

$$= \lim_{i \to \infty} \{E[(\otimes_i^{(1)} + i) + (\otimes_i^{(2)} + i)] - 2i\}$$

$$= \lim_{i \to \infty} [E(\otimes_i^{(1)} + i) + E(\otimes_i^{(2)} + i) - 2i]$$

$$= \lim_{i \to \infty} [E(\otimes_i^{(1)}) + i + E(\otimes_i^{(2)}) + i - 2i]$$

$$= \lim_{i \to \infty} [E(\otimes_i^{(1)}) + E(\otimes_i^{(2)})]$$

$$= E(\otimes_i^{(1)}) + E(\otimes_i^{(2)})$$

定理 3.5　设灰色变量 $\otimes^{(1)}$，$\otimes^{(2)}$ 分别具有有限期望值，则对任意实数 a 和 b，有

$$E(a\otimes^{(1)} + b\otimes^{(2)}) = aE(\otimes^{(1)}) + bE(\otimes^{(2)}) \tag{3-9}$$

定义 3.7　设 $\otimes$ 为一灰色变量且 $E(\otimes)$ 为其期望值，则称

$$V(\otimes) = E\{[\otimes - E(\otimes)]^2\} \tag{3-10}$$

为灰色变量 $\otimes$ 的方差。

定理 3.6　设 $\otimes$ 为一灰色变量且 $E(\otimes)$ 为其期望值，对任意实数 a 和 b，有

$$V(a\otimes + b) = a^2 V(\otimes) \tag{3-11}$$

证明　由方差定义，有

$$V(a\otimes + b) = E\{[a\otimes + b - aE(\otimes) - b]^2\} = a^2 E\{[\otimes - E(\otimes)]^2\}$$

$$= a^2 V(\otimes)$$

3.1.3　乐观值和悲观值

对于一个灰色变量 $\otimes$，我们可以从不同的角度进行刻画。除了使用期望值外，我们还可

以使用 α 乐观值和 α 悲观值来度量。

定义 3.8 设 $\otimes$ 为一灰色变量，且 $\alpha \in (0,1]$，则称

$$\otimes_{\sup}(\alpha) = \sup\{r \mid \Pr\{\otimes \geq r\} \geq \alpha\} \tag{3-12}$$

为 $\otimes$ 的 α 乐观值。

从以上定义可以看出，灰色变量 $\otimes$ 至少以可能度 α 大于或者等于 α 乐观值，并且不等式 $\Pr\{\otimes \geq \otimes_{\sup}(\alpha)\} > \alpha$ 有可能成立。

定义 3.9 设 $\otimes$ 为一灰色变量，且 $\alpha \in (0,1]$，则称

$$\otimes_{\inf}(\alpha) = \inf\{r \mid \Pr\{\otimes \leq r\} \geq \alpha\} \tag{3-13}$$

为 $\otimes$ 的 α 悲观值。

从以上定义可以看出，灰色变量 $\otimes$ 至少以可能度 α 小于或者等于 α 悲观值。

定理 3.7 假设 $\otimes_{\inf}(\alpha)$ 和 $\otimes_{\sup}(\alpha)$ 分别为灰色变量 $\otimes$ 的 α 悲观值和 α 乐观值，则有

(1) $\otimes_{\inf}(\alpha)$ 是 α 的增函数；

(2) $\otimes_{\sup}(\alpha)$ 是 α 的减函数；

(3) 若 $\alpha > 0.5$，则 $\otimes_{\inf}(\alpha) \geq \otimes_{\sup}(\alpha)$；

(4) 若 $\alpha \leq 0.5$，则 $\otimes_{\inf}(\alpha) \leq \otimes_{\sup}(\alpha)$。

证明 情况 (1)、(2) 显然成立。

情况 (3)：如果 $\otimes_{\inf}(\alpha) < \otimes_{\sup}(\alpha)$，则有

$$1 \geq \Pr\{\otimes \leq \otimes_{\inf}(\alpha)\} + \Pr\{\otimes \geq \otimes_{\sup}(\alpha)\} \geq \alpha + \alpha > 1$$

矛盾。即 $\otimes_{\inf}(\alpha) \geq \otimes_{\sup}(\alpha)$ 成立。

情况 (4)：如果 $\otimes_{\inf}(\alpha) > \otimes_{\sup}(\alpha)$，令 $\overline{\otimes}(\alpha) = [\otimes_{\inf}(\alpha) + \otimes_{\sup}(\alpha)]/2$，由 $\otimes_{\inf}(\alpha)$ 的定义可得 $\Pr\{\otimes \leq \overline{\otimes}(\alpha)\} < \alpha$。类似地，由 $\otimes_{\sup}(\alpha)$ 的定义可得 $\Pr\{\otimes \geq \overline{\otimes}(\alpha)\} < \alpha$。由此

$$1 \leq \Pr\{\otimes \leq \overline{\otimes}(\alpha)\} + \Pr\{\otimes \geq \overline{\otimes}(\alpha)\} < \alpha + \alpha \leq 1$$

矛盾。即 $\otimes_{\inf}(\alpha) \leq \otimes_{\sup}(\alpha)$ 成立。

3.2 灰色可能性约束规划模型

当数学规划问题中含有灰色变量时，在以上灰色变量的可能性测度、期望值算子、乐观值与悲观值等相关概念和理论的基础上，我们来讨论建立相应的规划理论，此时的约束条件和目标函数已经不能按照通常的意义去理解，因此考虑从新的角度出发提出新的规划理论并寻求相应的算法。

3.2.1 灰色可能性约束规划

如果数学规划的约束条件中含有灰色变量，并且需要在观测到灰色变量的白化值之前作出相应的决策，那么我们从可能性测度的角度考虑，采取这样的原则：在不考虑违反约束条件的惩罚的情况下，允许最终所作出的决策在一定的可能性下可以不满足约束条件，也就是要求满足约束条件的可能性测度只要不小于事先给定的一个置信水平即可。按照这样的原则建立的优化问题就是灰色可能性约束规划。

假设 x 是一个决策向量，$\otimes$ 是一个灰色向量，$f(x,\otimes)$ 是目标函数。$g_j(x,\otimes)$，$j=1,2,\cdots,p$ 是灰色约束函数。

由于灰色可能性约束条件 $g_j(x,\otimes)\leq 0$，$j=1,2,\cdots,p$ 中含有灰色变量，因此不可能像经典数学规划问题中的约束条件一样，给出一个确定的可行解集合，所以，按照事先约定的原则我们限定灰色可能性约束以一定的置信水平 α 成立。于是规划问题中的约束条件变成如下的可能性约束：

$$\Pr\{g_j(x,\otimes)\leq 0,j=1,2,\cdots,p\}\geq\alpha \qquad (3-14)$$

相应的可行解的概念也是在可能性测度概念的基础上给出的，x 是可行解的意思是说 $\{\otimes|g_j(x,\otimes)\leq 0,j=1,2,\cdots,p\}$ 的可能性测度不小于 α，即约束条件不能被满足的可能性小于 $1-\alpha$。在很多时候，可能性约束用下面的形式表示：

$$\Pr\{g_j(x,\otimes)\leq 0\}\geq\alpha_j,j=1,2,\cdots,p \qquad (3-15)$$

下面的混合可能性约束是更一般的形式：

$$\begin{cases}\Pr\{g_j(x,\otimes)\leq 0,j=1,2,\cdots,k_1\}\geq\alpha_1,\\ \Pr\{g_j(x,\otimes)\leq 0,j=k_1+1,k_1+2,\cdots,k_2\}\geq\alpha_2,\\ \cdots\\ \Pr\{g_j(x,\otimes)\leq 0,j=k_{t-1}+1,k_{t-1}+2,\cdots,p\}\geq\alpha_t。\end{cases} \qquad (3-16)$$

如果决策者是在灰色环境下想极大化目标函数的乐观值，则下面的灰色可能性约束规划可以建立：

$$\max\overline{f}$$
$$\text{s. t.}\begin{cases}\Pr\{f(x,\otimes)\geq\overline{f}\}\geq\beta,\\ \Pr\{g_j(x,\otimes)\leq 0,j=1,2,\cdots,p\}\geq\alpha。\end{cases} \qquad (3-17)$$

式中，α 和 β 是决策者预先给定的灰色可能性约束条件和灰色目标函数的置信水平。模型（3-17）本质上是 maximax 模型，因为它等价于

$$\max_x\max_{\overline{f}}\overline{f}$$
$$\text{s. t.}\begin{cases}\Pr\{f(x,\otimes)\geq\overline{f}\}\geq\beta,\\ \Pr\{g_j(x,\otimes)\leq 0,j=1,2,\cdots,p\}\geq\alpha。\end{cases} \qquad (3-18)$$

式中，$\max\overline{f}$ 是目标函数 $f(x,\otimes)$ 的 β 乐观值。

如果在一个决策问题中同时有多个目标，那么可以建立多目标可能性约束规划模型。一般说来，我们用如下模型表示标准的多目标可能性约束规划：

$$\max[\overline{f_1},\overline{f_2},\cdots,\overline{f_m}]$$
$$\text{s. t.}\begin{cases}\Pr\{f_i(x,\otimes)\geq\overline{f_i}\}\geq\beta_i,i=1,2,\cdots,m,\\ \Pr\{g_j(x,\otimes)\leq 0\}\geq\alpha_j,j=1,2,\cdots,p。\end{cases} \qquad (3-19)$$

式中，α_j，$j=1,2,\cdots,p$ 和 β_i，$i=1,2,\cdots,m$ 是决策者预先给定的置信水平。多目标可能性约束规划模型（3-19）实际上等价于如下模型：

$$\max_{x}\left[\max_{\overline{f_1}}\overline{f_1},\max_{\overline{f_2}}\overline{f_2},\cdots,\max_{\overline{f_m}}\overline{f_m}\right]$$

$$\text{s. t.}\begin{cases}\Pr\{f_i(\boldsymbol{x},\otimes)\geqslant\overline{f_i}\}\geqslant\beta_i,i=1,2,\cdots,m,\\\Pr\{g_j(\boldsymbol{x},\otimes)\leqslant0\}\geqslant\alpha_j,j=1,2,\cdots,p。\end{cases} \tag{3-20}$$

式中，$\max\overline{f_i}$ 是目标函数 $f_i(\boldsymbol{x},\otimes)$ 的 β_i 乐观值，$i=1,2,\cdots,m$。

如果决策者有事先给定的目标值和优先结构，那么可以构建相应的灰色可能性约束目标规划模型，标准的灰色可能性约束目标规划模型如下：

$$\min\sum_{j=1}^{l}P_j\sum_{i=1}^{m}(u_{ij}d_i^{+}+v_{ij}d_i^{-})$$

$$\text{s. t.}\begin{cases}\Pr\{f_i(\boldsymbol{x},\otimes)-b_i\leqslant d_i^{+}\}\geqslant\beta_i^{+},i=1,2,\cdots,m,\\\Pr\{b_i-f_i(\boldsymbol{x},\otimes)\leqslant d_i^{-}\}\geqslant\beta_i^{-},i=1,2,\cdots,m,\\\Pr\{g_j(\boldsymbol{x},\otimes)\leqslant0\}\geqslant\alpha_j,j=1,2,\cdots,p,\\d_i^{+},d_i^{-}\geqslant0,i=1,2,\cdots,m。\end{cases} \tag{3-21}$$

式中，P_j 表示各个目标的相对重要性，称为优先因子，对所有的 j 来说，有 $P_j\gg P_j+1$；u_{ij} 表示对应于第 i 个目标第 j 个优先级的正偏差的权重因子；v_{ij} 表示对应于第 i 个目标第 j 个优先级的负偏差的权重因子；p 表示系统约束的个数；m 表示目标约束的个数；l 表示优先级的个数；g_i 表示灰色系统约束函数；d_i^{+} 和 d_i^{-} 分别表示目标 i 偏离目标值的 β_i^{+} 乐观正偏差和 β_i^{-} 乐观负偏差，分别定义为

$$d_i^{+}=\min\{d\vee0|\Pr\{f_i(\boldsymbol{x},\otimes)-b_i\leqslant d\}\geqslant\beta_i^{+}\} \tag{3-22}$$

$$d_i^{-}=\min\{d\vee0|\Pr\{b_i-f_i(\boldsymbol{x},\otimes)\leqslant d\}\geqslant\beta_i^{-}\} \tag{3-23}$$

式中，f_i 表示灰色目标约束函数；b_i 表示第 i 个目标的目标值。

如果决策者想在灰色环境下极大化目标函数的悲观值，那么我们可以建立如下的minimax灰色可能性约束规划模型：

$$\max_{x}\min_{\overline{f}}\overline{f}$$

$$\text{s. t.}\begin{cases}\Pr\{f(\boldsymbol{x},\otimes)\leqslant\overline{f}\}\geqslant\beta,\\\Pr\{g_j(\boldsymbol{x},\otimes)\leqslant0,j=1,2,\cdots,p\}\geqslant\alpha。\end{cases} \tag{3-24}$$

式中，α 和 β 是决策者预先给定的灰色可能性约束条件和灰色目标函数的置信水平，$\min\overline{f}$ 是目标函数 $f(\boldsymbol{x},\otimes)$ 的 β 悲观值。

如果一个决策问题中含有多个目标，则有以下的 minimax 灰色多目标可能性约束规划模型：

$$\max_{x}\left[\min_{\overline{f_1}}\overline{f_1},\min_{\overline{f_2}}\overline{f_2},\cdots,\min_{\overline{f_m}}\overline{f_m}\right]$$

$$\text{s. t.}\begin{cases}\Pr\{f_i(\boldsymbol{x},\otimes)\leqslant\overline{f_i}\}\geqslant\beta_i,i=1,2,\cdots,m,\\\Pr\{g_j(\boldsymbol{x},\otimes)\leqslant0\}\geqslant\alpha_j,j=1,2,\cdots,p。\end{cases} \tag{3-25}$$

式中，α_j，$j=1,2,\cdots,p$ 和 β_i，$i=1,2,\cdots,m$ 表示决策者预先给定的灰色可能性约束条件和灰

色目标函数的置信水平；$\min \overline{f}_i$ 表示目标函数 $f_i(\boldsymbol{x}, \otimes)$ 的 β_i 悲观值，$i = 1, 2, \cdots, m$。

如果决策者有事先给定的目标值和优先结构，那么可以构建相应的灰色可能性约束目标规划模型，标准的灰色可能性约束目标规划模型如下：

$$\min_{x} \sum_{j=1}^{l} P_j \sum_{i=1}^{m} \left[u_{ij} (\max_{d_i^+} d_i^+ \vee 0) + v_{ij} (\max_{d_i^-} d_i^- \vee 0) \right]$$

$$\text{s. t.} \begin{cases} \Pr\{f_i(\boldsymbol{x}, \otimes) - b_i \le d_i^+\} \ge \beta_i^+, i = 1, 2, \cdots, m, \\ \Pr\{b_i - f_i(\boldsymbol{x}, \otimes) \le d_i^-\} \ge \beta_i^-, i = 1, 2, \cdots, m, \\ \Pr\{g_j(\boldsymbol{x}, \otimes) \le 0\} \ge \alpha_j, j = 1, 2, \cdots, p, \\ d_i^+, d_i^- \ge 0, i = 1, 2, \cdots, m_\circ \end{cases} \quad (3-26)$$

式中，P_j 表示各个目标的相对重要性，称为优先因子，对所有的 j 来说，有 $P_j \gg P_j + 1$；u_{ij} 表示对应于第 i 个目标第 j 个优先级的正偏差的权重因子；v_{ij} 表示对应于第 i 个目标第 j 个优先级的负偏差的权重因子；p 表示系统约束的个数；m 表示目标约束的个数；l 表示优先级的个数；g_i 表示不确定环境中的实值函数；$d_i^+ \vee 0$ 和 $d_i^- \vee 0$ 分别表示目标 i 偏离目标值的 β_i^+ 乐观正偏差和 β_i^- 乐观负偏差，分别定义为

$$d_i^+ \vee 0 = \max\{d \vee 0 \mid \Pr\{f_i(\boldsymbol{x}, \otimes) - b_i \ge d\} \ge \beta_i^+\} \quad (3-27)$$

$$d_i^- \vee 0 = \max\{d \vee 0 \mid \Pr\{b_i - f_i(\boldsymbol{x}, \otimes) \le d\} \ge \beta_i^-\} \quad (3-28)$$

式中，f_i 表示灰色目标约束函数；b_i 表示第 i 个目标的目标值。

3.2.2　灰色可能性约束规划的确定性求解

求解灰色可能性约束规划的关键是处理可能性约束，下面我们将看到，灰色可能性约束规划中的约束通过变换可以转化为如下形式：

$$\Pr\{g(\boldsymbol{x}, \otimes) \le 0\} \ge \alpha \quad (3-29)$$

（1）灰色可能性约束 $\Pr\{g_j(\boldsymbol{x}, \otimes) \le 0, j = 1, 2, \cdots, p\} \ge \alpha$ 属于式（3-29）的形式；

（2）灰色目标约束 $\Pr\{f(\boldsymbol{x}, \otimes) \ge \overline{f}\} \ge \beta$ 可以通过定义 $g(\boldsymbol{x}, \otimes) = \overline{f} - f(\boldsymbol{x}, \otimes)$ 由式（3-29）给出；

（3）灰色目标约束 $\Pr\{f(\boldsymbol{x}, \otimes) \le \overline{f}\} \ge \beta$ 可以通过定义 $g(\boldsymbol{x}, \otimes) = f(\boldsymbol{x}, \otimes) - \overline{f}$ 由式（3-29）给出；

（4）灰色目标约束 $\Pr\{f(\boldsymbol{x}, \otimes) - b \le d^+\} \ge \beta$ 和 $\Pr\{b - f(\boldsymbol{x}, \otimes) \le d^-\} \ge \beta$ 可以通过定义 $g(\boldsymbol{x}, \otimes) = f(\boldsymbol{x}, \otimes) - b - d^+$ 和 $g(\boldsymbol{x}, \otimes) = b - f(\boldsymbol{x}, \otimes) - d^-$ 由式（3-29）给出；

（5）灰色目标约束 $\Pr\{f(\boldsymbol{x}, \otimes) - b \ge d^+\} \ge \beta$ 和 $\Pr\{b - f(\boldsymbol{x}, \otimes) \ge d^-\} \ge \beta$ 可以通过定义 $g(\boldsymbol{x}, \otimes) = b - f(\boldsymbol{x}, \otimes) + d^+$ 和 $g(\boldsymbol{x}, \otimes) = f(\boldsymbol{x}, \otimes) + d^- - b$ 由式（3-29）给出。

处理可能性约束的一种思路是将其转化为确定性等价形式，然后用传统的求解过程对等价的确定性形式进行计算。

定义 3.10　考虑一个灰色参数 $\otimes \in [a, b]$，$a, b \in \mathbf{R}$，它的白化权函数 $\varphi(x)$ 是一非负连续可积函数，作如下的函数变换：

$$f(x) = \frac{\varphi(x)}{\int_a^b \varphi(t) \mathrm{d}t} \quad (3-30)$$

$$F(x) = \frac{\int_a^x \varphi(z)\,\mathrm{d}z}{\int_a^b \varphi(t)\,\mathrm{d}t} \qquad (3-31)$$

$f(x)$ 为⊗的可能性分布的密度函数；$F(x)$ 为⊗的可能性的分布函数。

定理3.8 设灰色变量⊗的白化权函数是 $\varphi(x)$，其分布函数为 $F(x)$，$g(\boldsymbol{x},\otimes) = h(\boldsymbol{x}) - \otimes$，则 $\Pr\{g(\boldsymbol{x},\otimes) \leqslant 0\} \geqslant \alpha$ 当且仅当 $h(\boldsymbol{x}) \leqslant \sup\{K | F^{-1}(1-\alpha)\}$。

证明 根据假设条件 $g(\boldsymbol{x},\otimes) = h(\boldsymbol{x}) - \otimes$，我们可以把 $\Pr\{g(\boldsymbol{x},\otimes) \leqslant 0\} \geqslant \alpha$ 表示成

$$\Pr\{h(\boldsymbol{x}) \leqslant \otimes\} \geqslant \alpha \qquad (3-32)$$

对每一个置信水平 $\alpha(0 \leqslant \alpha \leqslant 1)$，一定存在一个数 K_α，使得

$$\Pr\{K_\alpha \leqslant \otimes\} = \alpha \qquad (3-33)$$

如果用一个比较小的数代替 K_α，可能性 $\Pr\{K_\alpha \leqslant \otimes\}$ 将会增大。因此 $\Pr\{h(\boldsymbol{x}) \leqslant \otimes\} \geqslant \alpha$ 当且仅当 $h(\boldsymbol{x}) \leqslant K_\alpha$。而式 $\Pr\{K_\alpha \leqslant \otimes\} = 1 - F(K_\alpha)$ 总是成立的，根据式（3-29）有

$$K_\alpha = F^{-1}(1-\alpha) \qquad (3-34)$$

式中，F^{-1} 表示 F 的反函数。有的时候，函数 F^{-1} 是多值的，这个时候式（3-29）的解不是唯一的。对于这种情况，我们选择最大的那一个作为 K_α，即

$$K_\alpha = \sup\{K | F^{-1}(1-\alpha)\} \qquad (3-35)$$

于是，式（3-32）的确定性等价形式为 $h(\boldsymbol{x}) \leqslant \sup\{K | F^{-1}(1-\alpha)\}$。

定理3.9 设 $\otimes = (\otimes_1, \otimes_2, \cdots, \otimes_n, \otimes_{n+1})$，$g(\boldsymbol{x},\otimes) = \otimes_1 x_1 + \otimes_2 x_2 + \cdots + \otimes_n x_n - \otimes_{n-1}$，$\otimes_i$，$i = 1,2,\cdots,n,n+1$ 的白化权函数为 $\varphi_i(x)$，可能性分布函数为 $F_i(x)$，各 $\otimes_i$，$i = 1,2,\cdots,n,n+1$ 相互独立。则 $\Pr\{g(\boldsymbol{x},\otimes) \leqslant 0\} \geqslant \alpha$ 当且仅当

$$\sum_{i=1}^n E(\otimes_i)x_i + F^{-1}(\alpha) \sqrt{\sum V(\otimes_i)x_i^2 + V(\otimes_{n+1})} \leqslant E(\otimes_{n+1}) \qquad (3-36)$$

证明 根据假设条件 $g(\boldsymbol{x},\otimes) = \otimes_1 x_1 + \otimes_2 x_2 + \cdots + \otimes_n x_n - \otimes_{n-1}$，灰色可能性约束 $\Pr\{g(\boldsymbol{x},\otimes) \leqslant 0\} \geqslant \alpha$ 可以写成如下形式：

$$\Pr\left\{\sum_{i=1}^n \otimes_i x_i \leqslant \otimes_{i+1}\right\} \geqslant \alpha \qquad (3-37)$$

记 $y = \sum_{i=1}^n \otimes_i x_i - \otimes_{n+1}$，其期望和方差为

$$E(y) = \sum_{i=1}^n E(\otimes_i)x_i - E(\otimes_{n+1}) \qquad (3-38)$$

$$V(y) = \sum_{i=1}^n V(\otimes_i)x_i^2 + V(\otimes_{n+1}) \qquad (3-39)$$

则不等式 $\sum_{i=1}^n \otimes_i x_i \leqslant \otimes_{i+1}$ 等价于

$$\frac{\sum_{i=1}^n \otimes_i x_i - \otimes_{i+1} - \left[\sum_{i=1}^n E(\otimes_i)x_i - E(\otimes_{i+1})\right]}{\sqrt{\sum_{i=1}^n V(\otimes_i)x_i^2 + V(\otimes_{i+1})}} \leqslant - \frac{\sum_{i=1}^n E(\otimes_i)x_i - E(\otimes_{i+1})}{\sqrt{\sum_{i=1}^n V(\otimes_i)x_i^2 + V(\otimes_{i+1})}}$$

$$(3-40)$$

假设

$$\eta = \frac{\sum\limits_{i=1}^{n} \otimes_i x_i - \otimes_{i+1} - \left[\sum\limits_{i=1}^{n} E(\otimes_i) x_i - E(\otimes_{i+1}) \right]}{\sqrt{\sum\limits_{i=1}^{n} V(\otimes_i) x_i^2 + V(\otimes_{i+1})}} \qquad (3-41)$$

则灰色可能性约束式（3-37）等价于

$$Pr\left\{ \eta \leqslant - \frac{\sum\limits_{i=1}^{n} E(\otimes_i) x_i - E(\otimes_{i+1})}{\sqrt{\sum\limits_{i=1}^{n} V(\otimes_i) x_i^2 + V(\otimes_{i+1})}} \right\} \geqslant \alpha \qquad (3-42)$$

若 η 的分布函数为 $F(x)$，则灰色可能性约束式（3-43）成立当且仅当

$$F^{-1}(\alpha) \leqslant - \frac{\sum\limits_{i=1}^{n} E(\otimes_i) x_i - E(\otimes_{i+1})}{\sqrt{\sum\limits_{i=1}^{n} V(\otimes_i) x_i^2 + V(\otimes_{i+1})}} \qquad (3-43)$$

这就是灰色可能性约束式（3-36）。

3.2.3　灰色可能性约束规划的混合智能算法求解

将灰色可能性约束规划转化成确定的等价形式，然后对等价的确定性形式进行求解，只适用于一些特殊的情形。对于大部分的情形，这种方法是无能为力的。本节将使用混合智能算法来求解一般的灰色可能性约束规划。具体过程是将遗传算法和灰色模拟结合在一起。下面讨论灰色可能性约束规划的混合智能算法。

考虑一个灰色变量 $\otimes \in [a,b]$，$a,b \in \mathbf{R}$，它的白化权函数 $\varphi(x)$ 是一非负连续可积函数，$f(x)$ 为 $\otimes$ 的可能性分布的密度函数，$F(x)$ 为 $\otimes$ 的可能性的分布函数。借鉴随机模拟的思想，假设 $F(\cdot)$ 是灰色变量 $\otimes$ 的灰色可能性分布函数。为了能够产生一个随机数，使该随机数的分布函数为 $F(\cdot)$，我们先产生一个服从 $[0,1]$ 上的均匀分布的随机变量 u，然后由 $F^{-1}(u)$ 求得分布函数为 $F(\cdot)$ 的灰色变量。

因为 $F^{-1}(u)$ 定义在区间 $[0,1]$ 上，所以灰色变量 $\otimes$ 的随机白化值可以表示为

$$\overline{\otimes} = F^{-1}(u) \qquad (3-44)$$

以上过程表明，先由计算机产生服从区间 $[0,1]$ 上均匀分布的随机值，把随机值代入式（3-44）就得到相应的灰色参数的白化值。

灰色可能性约束规划与确定性数学规划的主要不同是在灰色可能性约束规划中有灰色可能性约束条件。简单的灰色可能性约束条件可以利用确定性等价解的求解方法把它们转化为各自的确定性等价约束，如果转化为确定性等价约束的过程比较困难，就可以使用灰色模拟的方法来处理。具体过程如下：

首先考虑对灰色可能性约束规划中的系统约束进行检验，对于灰色可能性约束

$$Pr\{g_j(\boldsymbol{x},\otimes) \leqslant 0, j=1,2,\cdots,p\} \geqslant \alpha \qquad (3-45)$$

假设 $\varphi(x)$ 是灰色变量 $\otimes$ 的白化权函数。对决策向量 $\boldsymbol{x}$，使用灰色模拟技术检验可能性约束是否成立。过程如下：先根据式（3-44）产生 N 个独立的随机白化值 $\otimes_1$，$\otimes_2$，$\cdots$，

$\otimes_N$，假设在 N 次实验中灰色约束条件 $g_j(\boldsymbol{x},\otimes)\leqslant 0$，$j=1,2,\cdots,p$ 成立的次数是 N'，那么我们就可以用 N'/N 作为可能性测度的估计值。于是，当且仅当频率 $N'/N\geqslant\alpha$ 成立时，灰色可能性约束条件成立。

具体步骤如下：

（1）令 $N'=0$；

（2）根据白化权函数生成白化值 η；

（3）若约束条件 $g_j(\boldsymbol{x},\otimes)\leqslant 0$，$j=1,2,\cdots,p$，则 $N'++$；

（4）重复步骤（2）和（3）共 N 次；

（5）若 $N'/N\geqslant\alpha$，则返回"成立"；否则，返回"不成立"。

然后计算灰色可能性约束规划中的目标值，考虑带有灰色参数 $\otimes$ 的灰色可能性约束规划的目标函数 $\Pr\{f(\boldsymbol{x},\otimes)\geqslant\bar{f}\}\geqslant\beta$，为了找到满足该目标函数的最大值 $\bar{f}$，同样采用灰色模拟技术。根据白化权函数生成 N 个独立的灰色向量 $\otimes_1$，$\otimes_2$，$\cdots$，$\otimes_N$，得到序列 $\{f_1, f_2, \cdots, f_N\}$，其中 $f_i=f(\boldsymbol{x},\otimes_i)$，$i=1$，$2$，$\cdots$，$N$。取 N' 为 βN 的整数部分，则可以把序列 $\{f_1, f_2, \cdots, f_N\}$ 中第 N' 个最大的元素作为 $\bar{f}$ 的估计。

具体步骤如下：

（1）根据白化权函数 $\varphi(x)$ 生成 N 个独立的灰色向量 $\otimes_1$，$\otimes_2$，$\cdots$，$\otimes_N$；

（2）令 $f_i=f(\boldsymbol{x},\otimes_i)$，$i=1$，$2$，$\cdots$，$N$；

（3）令 N' 等于 βN 的整数部分；

（4）返回 $\{f_1, f_2, \cdots, f_N\}$ 中第 N' 个最大的元素。

最后处理灰色可能性约束规划中的目标约束，由于目标约束 $\Pr\{f(\boldsymbol{x},\otimes)+d^--d^+=b\}\geqslant\beta$ 中带有灰色参数 $\otimes$，因此根据灰色目标约束的意义，我们需要找到使 $\Pr\{d^-\geqslant b-f(\boldsymbol{x},\otimes)\}\geqslant\beta$ 成立的 d^- 的最小非负值和 $\Pr\{d^+\geqslant f(\boldsymbol{x},\otimes)-b\}\geqslant\beta$ 成立的 d^+ 的最小非负值。和计算灰色可能性约束规划目标值的模拟过程类似，可以得到序列 $\{f_1^-, f_2^-, \cdots, f_N^-\}$，这里 $f_i^-=b-f(\boldsymbol{x},\otimes_i)$，$\otimes_i$ 是从白化权函数 $\varphi(x)$ 中生成的灰色向量，$i=1$，2，$\cdots$，N。取 N' 为 βN 的整数部分，于是可以把序列 $\{f_1^-, f_2^-, \cdots, f_N^-\}$ 中第 N' 个最小的元素作为负偏差 d^- 的估计。如果它是负的，那么令 $d^-=0$。同样，可以得到序列 $\{f_1^+, f_2^+, \cdots, f_N^+\}$，这里 $f_i^+=f(\boldsymbol{x},\otimes_i)-b$，$\otimes_i$ 是从白化权函数 $\varphi(x)$ 中生成的灰色向量，$i=1$，2，$\cdots$，N。取 N' 为 βN 的整数部分，于是可以把序列 $\{f_1^+, f_2^+, \cdots, f_N^+\}$ 中第 N' 个最小的元素作为正偏差 d^+ 的估计。如果它是负的，那么令 $d^+=0$。

具体步骤如下：

（1）根据白化权函数 $\varphi(x)$ 生成 N 个灰色向量 $\otimes_1$，$\otimes_2$，$\cdots$，$\otimes_N$；

（2）令 $f_i^-=b-f(\boldsymbol{x},\otimes_i)$ 和 $f_i^+=f(\boldsymbol{x},\otimes_i)-b$，$i=1,2,\cdots,N$；

（3）令 N' 等于 βN 的整数部分；

（4）返回到 $\{f_1^+, f_2^+, \cdots, f_N^+\}$ 中第 N' 个最大的元素。

对于利用确定型数学规划求解有一定困难的灰色可能性约束规划问题，我们可以采用把遗传算法与灰色模拟技术结合的方法建立混合智能算法进行求解，用灰色模拟检验后代的可行性，计算灰色可能性约束规划的目标值和处理灰色目标约束，用遗传算法的全局搜索能力优化出最优个体。具体步骤如下：

（1）应用灰色模拟方法检验个体的可行性，产生初始种群；

（2）应用灰色模拟方法检验后代的可行性，对个体进行交叉和变异操作；

（3）应用灰色模拟方法计算所有个体的目标值；

（4）根据步骤（3）计算出的个体的目标值，用评价函数计算适应度；

（5）重复步骤（2）到步骤（4），直至完成给定的循环；

（6）给出最优解。

3.3　灰色可能性相关规划模型

在对民用飞机费用—效能进行权衡优化的过程中，往往需要对多个事件进行决策，有时候我们希望极大化的是这些事件的可能性测度函数，即希望极大化事件成立的可能性。为此引入灰色可能性相关规划。在灰色可能性相关规划中用不确定环境代替可行集的概念。简单地说，灰色可能性相关规划是在不确定环境下使事件的可能性测度函数达到最优的一种优化理论。灰色可能性相关规划没有确定的可行集，虽然灰色可能性相关规划也给出了一个确定的解，但是只要求这个解尽可能地执行就可以了。

3.3.1　不确定环境、事件和可能性测度函数

定义 3.11　把下面的灰色约束

$$g_j(\boldsymbol{x}, \otimes) \leqslant 0, j = 1, 2, \cdots, p \tag{3-46}$$

称为不确定环境。式中，$\boldsymbol{x}$ 表示一个决策向量；$\otimes$ 表示一个灰色向量。

定义 3.12　不等式

$$h_k(\boldsymbol{x}, \otimes) \leqslant 0, k = 1, 2, \cdots, q \tag{3-47}$$

称为事件。式中，$\boldsymbol{x}$ 表示一个决策向量；$\otimes$ 表示一个灰色向量。

定义 3.13　设 ε 为式（3-47）所表示的事件，在不确定环境式（3-46）下，其灰色可能性测度函数为

$$f(x) = \Pr\{h_k(\boldsymbol{x}, \otimes) \leqslant 0, k = 1, 2, \cdots, q\}$$
$$\text{s. t.}\quad g_j(\boldsymbol{x}, \otimes) \leqslant 0, j = 1, 2, \cdots, p \tag{3-48}$$

定义 3.14　设 $r(x_1, x_2, \cdots, x_n)$ 为一个 n 元函数。如果对任何的 x_i' 和 x_i''，有

$$r(x_1, \cdots, x_{i-1}, x_i', x_{i+1}, \cdots, x_n) = r(x_1, \cdots, x_{i-1}, x_i'', x_{i+1}, \cdots, x_n) \tag{3-49}$$

成立，则称第 i 个决策变量 x_i 是退化的，否则称第 i 个决策变量 x_i 是非退化的。

定义 3.15　设 $h_k(\boldsymbol{x}, \otimes) \leqslant 0$，$k = 1, 2, \cdots, q$ 为一个事件，记为 ε，事件 ε 的支撑是由函数 $h_k(\boldsymbol{x}, \otimes) \leqslant 0$，$k = 1, 2, \cdots, q$ 中所有非退化决策变量组成的集合，记作 ε^*。

定义 3.16　设事件 ε 的第 j 个约束为 $g_j(\boldsymbol{x}, \otimes) \leqslant 0$。称约束 $g_j(\boldsymbol{x}, \otimes) \leqslant 0$ 是有效约束，是指支撑 ε^* 和 $g_j(\boldsymbol{x}, \otimes)$ 中的非退化决策变量的交集非空；否则，我们称 $g_j(\boldsymbol{x}, \otimes) \leqslant 0$ 是非有效约束。

定义 3.17　如果在不确定环境 $g_j(\boldsymbol{x}, \otimes) \leqslant 0$，$j = 1, 2, \cdots, p$ 下事件 ε 由 $h_k(\boldsymbol{x}, \otimes) \leqslant 0$，$k = 1, 2, \cdots, q$ 给出，事件 ε 的相关支撑是指由事件 ε 的有效约束 $g_j(\boldsymbol{x}, \otimes)$ 中所有非退化决策变量和 $h_k(\boldsymbol{x}, \otimes) \leqslant 0$，$k = 1, 2, \cdots, q$ 组成的集合，记为 ε^{**}。

定义 3.18 设 $g_j(\boldsymbol{x},\otimes)\leqslant 0$ 是事件 ε 的第 j 个约束，称 $g_j(\boldsymbol{x},\otimes)\leqslant 0$ 是事件 ε 的相关约束，是指相关支撑 ε^{**} 和 $g_j(\boldsymbol{x},\otimes)$ 中的非退化决策变量的交集非空；否则称 $g_j(\boldsymbol{x},\otimes)\leqslant 0$ 是事件 ε 的不相关约束。

定义 3.19 设在不确定环境 $g_j(\boldsymbol{x},\otimes)\leqslant 0$，$j=1,2,\cdots,p$ 中的事件 ε 由 $h_k(\boldsymbol{x},\otimes)\leqslant 0$，$k=1,2,\cdots,q$ 给出。如果对于每个决策向量 $\boldsymbol{x}$ 和灰色变量 $\otimes$ 的实现值，有 $h_k(\boldsymbol{x},\otimes)\leqslant 0$，$k=1,2,\cdots,q$；$g_j(\boldsymbol{x},\otimes)\leqslant 0$，$j\in J$，则称事件 ε 在不确定环境中是相容的，这里 J 表示所有相关约束的指标集合。

假设在不确定环境 $g_j(\boldsymbol{x},\otimes)\leqslant 0$，$j=1,2,\cdots,p$ 下有 m 个事件 $h_{ik}(\boldsymbol{x},\otimes)\leqslant 0$，$k=1,2,\cdots,q_i$，分别记为 ε_i，$i=1,2,\cdots,m$。在不确定环境下，第 i 个事件 ε_i 的可能性测度函数为

$$f_i(x)=\Pr\left\{\begin{array}{l}h_{ik}(\boldsymbol{x},\otimes)\leqslant 0,k=1,2,\cdots,q_i,\\ g_j(\boldsymbol{x},\otimes)\leqslant 0,j\in J_i。\end{array}\right\} \tag{3-50}$$

式中，$J_i=\{j\in\{1,2,\cdots,p\}\,|\,g_j(\boldsymbol{x},\otimes)\leqslant 0$ 是事件 ε_i 的相关约束$\}$，$i=1,2,\cdots,m$。

3.3.2 灰色可能性相关规划

在某个不确定环境中极大化一个事件的可能性测度函数的灰色可能性测度规划称为灰色可能性相关规划，其形式如下：

$$\max \Pr\{h_k(\boldsymbol{x},\otimes)\leqslant 0,k=1,2,\cdots,q\}$$
$$\text{s. t.}\quad g_j(\boldsymbol{x},\otimes)\leqslant 0,j=1,2,\cdots,p \tag{3-51}$$

式中，$\boldsymbol{x}$ 表示一个 n 维决策向量；$\otimes$ 表示一个灰色向量参数，$h_k(\boldsymbol{x},\otimes)\leqslant 0$，$k=1,2,\cdots,q$ 为事件，记为 ε，而不确定环境为 $g_j(\boldsymbol{x},\otimes)\leqslant 0$，$j=1,2,\cdots,p$。

灰色可能性相关规划式（3-51）可以表述为：在不确定环境 $g_j(\boldsymbol{x},\otimes)\leqslant 0$，$j=1,2,\cdots,p$ 下极大化灰色事件 $h_k(\boldsymbol{x},\otimes)\leqslant 0$，$k=1,2,\cdots,q$ 的可能性。

通常在民用飞机的费用—效能的权衡过程中要对多个事件进行决策，因此就会存在多个可能的目标（假设其中一些是灰色可能性测度函数）。对这类优化问题可以建成灰色可能性相关多目标规划。标准的灰色可能性相关多目标规划模型的形式如下：

$$\max\left[\begin{array}{l}\Pr\{h_{1k}(\boldsymbol{x},\otimes)\leqslant 0,k=1,2,\cdots,q_1\},\\ \Pr\{h_{2k}(\boldsymbol{x},\otimes)\leqslant 0,k=1,2,\cdots,q_2\},\\ \cdots\\ \Pr\{h_{mk}(\boldsymbol{x},\otimes)\leqslant 0,k=1,2,\cdots,q_m\}。\end{array}\right] \tag{3-52}$$
$$\text{s. t.}\quad g_j(\boldsymbol{x},\otimes)\leqslant 0,j=1,2,\cdots,p$$

式中，$h_{ik}(\boldsymbol{x},\otimes)\leqslant 0$，$k=1,2,\cdots,q_i$ 为事件，记为 ε_i，$i=1,2,\cdots,m$。

建立了决策向量和灰色可能性测度函数之间的关系之后，就可以通过灰色模拟或者传统的方法计算它的灰色可能性测度函数。这时如果要求找出全部的有效解，或是需要给出偏好的全部信息，我们就可以对灰色可能性相关规划进行求解。

如果需要在给定的优先级下极小化与决策者限定的管理目标的偏差（正偏差或者负偏差），那么我们可以把灰色可能性相关规划进行推广，得到灰色可能性相关目标规划。标准的灰色可能性相关目标规划模型如下：

$$\min \sum_{j=1}^{l} P_j \sum_{i=1}^{m} \left(u_{ij} d_i^+ + v_{ij} d_i^- \right)$$

$$\text{s. t.} \begin{cases} \Pr\{h_{ik}(\boldsymbol{x}, \otimes) \leqslant 0, k=1,2,\cdots,q_i\} + d_i^+ - d_i^- = b_i, i=1,2,\cdots,m, \\ g_j(\boldsymbol{x}, \otimes) \leqslant 0, j=1,2,\cdots,p, \\ d_i^+, d_i^- \geqslant 0, i=1,2,\cdots,m_。 \end{cases} \quad (3-53)$$

式中，u_{ij} 表示第 i 个目标第 j 个优先级的正偏差的权重因子；v_{ij} 表示第 i 个目标第 j 个优先级的负偏差的权重因子；P_j 表示各个目标的相对重要性，称为优先因子，对所有的 j，有 $P_j \gg P_j + 1$；d_i^+ 和 d_i^- 分别表示目标 i 偏离目标值的正偏差和负偏差；g_j 表示不确定环境中的实值函数；h_{ik} 表示目标约束中的实值函数；m 表示目标约束的个数；l 表示优先级的个数；b_i 表示目标 i 的目标值。

3.3.3　灰色可能性相关规划的确定性求解

对于灰色可能性相关规划

$$\max \Pr\{h_k(\boldsymbol{x}, \otimes) \leqslant 0, k=1,2,\cdots,q\}$$
$$\text{s. t.} \quad g_j(\boldsymbol{x}, \otimes) \leqslant 0, j=1,2,\cdots,p \quad (3-54)$$

可以通过将其转化为确定性规划，然后利用大量的、已有的确定性数学规划的理论去解决。现在对灰色约束条件中的函数 $g_j(\boldsymbol{x}, \otimes) \leqslant 0, j=1,2,\cdots,p$ 的不同情形进行讨论。不妨先考虑只有一个约束条件的情况，如果 $h(\boldsymbol{x}, \otimes) = h(\boldsymbol{x}) - \otimes$，则可以得到以下的定理：

定理 3.10　假设 $h(\boldsymbol{x}, \otimes) = h(\boldsymbol{x}) - \otimes$，灰色变量 $\otimes$ 的白化权函数已知，则灰色可能性相关规划

$$\max \Pr\{h(\boldsymbol{x}, \otimes) \leqslant 0\}$$
$$\text{s. t.} \quad g(\boldsymbol{x}, \otimes) \leqslant 0 \quad (3-55)$$

等价于确定性规划

$$\min h(\boldsymbol{x})$$
$$\text{s. t.} \quad g(\boldsymbol{x}, \otimes) \leqslant 0 \quad (3-56)$$

证明　根据假设条件 $\Pr\{h(\boldsymbol{x}, \otimes) \leqslant 0\} = \Pr\{h(\boldsymbol{x}) \leqslant \otimes\} = 1 - F[h(\boldsymbol{x})]$，式中，$F$ 是由 $\otimes$ 的白化权函数确定的可能性分布函数，因为 F 是单调递增的，所以有

$$\max_{\text{s. t.} g(\boldsymbol{x}, \otimes) \leqslant 0} \Pr\{h(\boldsymbol{x}, \otimes) \leqslant 0\} = \max_{\text{s. t.} g(\boldsymbol{x}, \otimes) \leqslant 0} \Pr\{h(\boldsymbol{x}) \leqslant \otimes\} = \max_{\text{s. t.} g(\boldsymbol{x}, \otimes) \leqslant 0} \{1 - F[h(\boldsymbol{x})]\}$$
$$= 1 - \min_{\text{s. t.} g(\boldsymbol{x}, \otimes) \leqslant 0} F[h(\boldsymbol{x})] = 1 - F\left[\min_{\text{s. t.} g(\boldsymbol{x}, \otimes) \leqslant 0} h(\boldsymbol{x})\right]$$

即有灰色可能性相关规划式（3-55）等价于确定性规划式（3-56）。

定理 3.11　设 $\otimes = (\otimes_1, \otimes_2, \cdots, \otimes_n, \otimes_{n+1})$，$h(\boldsymbol{x}, \otimes) = \otimes_1 x_1 + \otimes_2 x_2 + \cdots + \otimes_n x_n - \otimes_{n+1}$，$\otimes_i$，$i=1,2,\cdots,n,n+1$ 的白化权函数为 $\varphi_i(x)$，可能性分布函数为 $F_i(x)$，其均值为 $\mu = (\mu_1, \cdots, \mu_{m+1})$，协方差为 $\sum$，各 $\otimes_i$，$i=1,2,\cdots,n,n+1$ 相互独立，则灰色可能性相关规划

$$\max \Pr\{h(\boldsymbol{x}, \otimes) \leqslant 0\}$$
$$\text{s. t.} \quad g(\boldsymbol{x}, \otimes) \leqslant 0 \quad (3-57)$$

等价于确定性规划

$$\min \frac{\mu z}{\sqrt{z' \sum z}} \qquad\qquad (3-58)$$

$$\text{s. t.} \quad g(\boldsymbol{x}, \otimes) \leqslant 0$$

证明 根据假设条件 $h(\boldsymbol{x}, \otimes) = \otimes_1 x_1 + \otimes_2 x_2 + \cdots + \otimes_n x_n - \otimes_{n+1}$，灰色可能性约束条件

$$\Pr\{h(\boldsymbol{x}, \otimes) \leqslant 0\} = \Pr\left\{\sum_{i=1}^{m} \otimes_i x_i \leqslant \otimes_{i+1}\right\}$$

$$= \Pr\left\{\frac{\sum\limits_{i=1}^{n} \otimes_i x_i - \otimes_{i+1} - \left[\sum\limits_{i=1}^{n} E(\otimes_i) x_i - E(\otimes_{i+1})\right]}{\sqrt{\sum\limits_{i=1}^{n} V(\otimes_i) x_i^2 + V(\otimes_{i+1})}} \leqslant - \frac{\sum\limits_{i=1}^{n} E(\otimes_i) x_i - E(\otimes_{i+1})}{\sqrt{\sum\limits_{i=1}^{n} V(\otimes_i) x_i^2 + V(\otimes_{i+1})}}\right\}$$

记 $y = \sum\limits_{i=1}^{n} \otimes_i x_i - \otimes_{n+1}$，其期望和方差分别为 μz 和 $z' \sum z$，则

$$\Pr\{h(\boldsymbol{x}, \otimes) \leqslant 0\} = \Pr\left\{\frac{\sum\limits_{i=1}^{n} \otimes_i x_i - \otimes_{i+1} - \left[\sum\limits_{i=1}^{n} E(\otimes_i) x_i - E(\otimes_{i+1})\right]}{\sqrt{z' \sum z}} \leqslant - \frac{\mu z}{\sqrt{z' \sum z}}\right\}$$

$$= F\left(- \frac{\mu z}{\sqrt{z' \sum z}}\right) = 1 - F\left(\frac{\mu z}{\sqrt{z' \sum z}}\right)$$

因为 F 是分布函数，故单调递增。所以

$$\max_{g(\boldsymbol{x}, \otimes) \leqslant 0} \Pr\{h(\boldsymbol{x}, \otimes) \leqslant 0\} = \max_{g(\boldsymbol{x}, \otimes) \leqslant 0} \Pr\left\{\sum_{i=1}^{m} \otimes_i x_i \leqslant \otimes_{i+1}\right\}$$

$$= \max_{g(\boldsymbol{x}, \otimes) \leqslant 0}\left\{1 - F\left(\frac{\mu z}{\sqrt{z' \sum z}}\right)\right\} = 1 - \min_{g(\boldsymbol{x}, \otimes) \leqslant 0} F\left(\frac{\mu z}{\sqrt{z' \sum z}}\right) = 1 - F\left(\min_{g(\boldsymbol{x}, \otimes) \leqslant 0} \frac{\mu z}{\sqrt{z' \sum z}}\right)$$

于是灰色可能性相关规划

$$\max \Pr\{h(\boldsymbol{x}, \otimes) \leqslant 0\}$$

$$\text{s. t.} \quad g(\boldsymbol{x}, \otimes) \leqslant 0$$

等价于确定性规划

$$\min \frac{\mu z}{\sqrt{z' \sum z}}$$

$$\text{s. t.} \quad g(\boldsymbol{x}, \otimes) \leqslant 0$$

一般情况下，$h_k(\boldsymbol{x}, \otimes) \leqslant 0$，$k = 1, 2, \cdots, q$，$g_j(\boldsymbol{x}, \otimes) \leqslant 0$，$j = 1, 2, \cdots, p$ 是相互独立的，所以 $\Pr\{h_k(\boldsymbol{x}, \otimes) \leqslant 0, k = 1, 2, \cdots, q\} = \prod\limits_{k=1}^{q} \Pr\{h_k(\boldsymbol{x}, \otimes) \leqslant 0\}$，根据定理 3.10 和定理 3.11，可以有以下推论：

推论 1 假设 $h_k(\boldsymbol{x}, \otimes) = h_k(\boldsymbol{x}) - \otimes$，$k = 1, 2, \cdots, q$，灰色变量 $\otimes$ 的白化权函数已知，则灰色可能性相关规划

$$\max \Pr\{h_k(\boldsymbol{x},\otimes)\leq 0\},k=1,2,\cdots,q$$
$$\text{s. t.}\quad g_j(\boldsymbol{x},\otimes)\leq 0,j=1,2,\cdots,p \tag{3-59}$$

等价于确定性规划

$$\max \prod_{k=1}^{q}\{1-F[h_k(\boldsymbol{x})]\}$$
$$\text{s. t.}\quad g_j(\boldsymbol{x},\otimes)\leq 0,j=1,2,\cdots,p \tag{3-60}$$

推论 2　设 $\otimes=(\otimes_1,\otimes_2,\cdots,\otimes_n,\otimes_{n+1})$，$h_k(\boldsymbol{x},\otimes)=h_k(\boldsymbol{x})-\otimes$，$k=1,2,\cdots,q$，$\otimes_i$，$i=1,2,\cdots,n,n+1$ 的白化权函数为 $\varphi_i(x)$，可能性分布函数为 $F_i(x)$，其均值为 $\mu=(\mu_1,\cdots,\mu_{m+1})$，协方差为 $\sum$，各 $\otimes_i$，$i=1,2,\cdots,n,n+1$ 相互独立，则灰色可能性相关规划

$$\max \Pr\{h_k(\boldsymbol{x},\otimes)\leq 0\},k=1,2,\cdots,q$$
$$\text{s. t.}\quad g_j(\boldsymbol{x},\otimes)\leq 0,j=1,2,\cdots,p \tag{3-61}$$

等价于确定性规划

$$\max \prod_{k=1}^{q}\left[1-F\left(\frac{\mu z}{\sqrt{z'\sum z}}\right)\right]$$
$$\text{s. t.}\quad g_j(\boldsymbol{x},\otimes)\leq 0,j=1,2,\cdots,p \tag{3-62}$$

3.3.4　灰色可能性相关规划的混合智能算法求解

灰色可能性相关规划打破了可行集的概念，是使事件的可能性测度函数在不确定环境下达到最优的一种优化理论。它与其他数学规划的不同在于其他数学规划的可行集是确定的，而灰色可能性相关规划的可行集是由不确定环境给出的，最后只要求灰色可能性相关规划的解在实际问题中尽可能地执行就可以了。灰色可能性相关规划的确定性解法只能在特殊的情况下对其进行求解，绝大多数情况下，这种解法是无能为力的。下面将灰色模拟和智能算法结合在一起给出灰色可能性相关规划的混合智能算法。

不确定环境在灰色可能性相关规划中通常表示为：$g_j(\boldsymbol{x},\otimes)\leq 0$，$j=1,2,\cdots,p$，这里 $\boldsymbol{x}$ 和 $\otimes$ 分别表示决策向量和灰色向量，其中 $\boldsymbol{x}$ 虽然是决策向量，但 $\otimes$ 的灰色不确定性导致 $\boldsymbol{x}$ 的不确定性。因此决策向量 $\boldsymbol{x}$ 的实现需要依赖灰色向量 $\otimes$ 的实现，事件 $\{h_k(\boldsymbol{x},\otimes)\leq 0\}$，$k=1,2,\cdots,q$ 需要满足一定的内在要求，由于 $\boldsymbol{x}$ 具有不确定性，因此事件 $\{h_k(\boldsymbol{x},\otimes)\leq 0\}$，$k=1,2,\cdots,q$ 也具有不确定性，灰色可能性测度函数为满足事件的概率，记为 $f(x)=\Pr\{h_k(\boldsymbol{x},\otimes)\leq 0\}$，$k=1,2,\cdots,q$，在灰色不确定环境中极大化一个事件的灰色可能性测度函数即为灰色可能性相关规划模型。表示如下：

$$\max \Pr\{h_k(\boldsymbol{x},\otimes)\leq 0\},k=1,2,\cdots,q$$
$$\text{s. t.}\quad g_j(\boldsymbol{x},\otimes)\leq 0,j=1,2,\cdots,p \tag{3-63}$$

对灰色变量 $\otimes\in[a,b]$，a，$b\in\mathbf{R}$，设它的白化权函数 $\varphi(x)$ 是一非负连续可积函数；$f(x)$ 表示 $\otimes$ 的可能性分布的密度函数；$F(x)$ 表示 $\otimes$ 的可能性的分布函数。根据灰色模拟的思想，利用计算机产生区间 $[0,1]$ 上服从均匀分布的随机值，然后代入 $\overline{\otimes}=F^{-1}(x)$ 得到相应的灰色变量的白化值。

首先检验灰色可能性相关规划中的不确定环境，考虑不确定环境

$$g_j(\boldsymbol{x},\otimes) \leq 0, j = 1,2,\cdots,p \qquad (3-64)$$

对于任意给定的决策向量 $\boldsymbol{x}$，使用灰色模拟方法检验灰色可能性约束是否成立。这里灰色向量 $\otimes$ 的白化权函数为 $\varphi(\boldsymbol{x})$。先根据式（3.29）产生 N 个独立的随机白化值 $\otimes_1,\otimes_2,\cdots,$ $\otimes_N$，设 N' 是产生的灰色变量白化值满足约束的个数，即 N 次实验中 $g_j(\boldsymbol{x},\otimes) \leq 0$，$j = 1,$ $2,\cdots,p$ 成立的次数。我们可以用 N'/N 作为可能性测度的估计值。因此，当且仅当频率 $N'/N \geq \alpha$ 成立时灰色可能性约束成立。

具体步骤如下：

（1）令 $N' = 0$；

（2）根据白化权函数生成白化值 η；

（3）若 $g_j(\boldsymbol{x},\otimes) \leq 0$，$j = 1,2,\cdots,p$，则 $N'++$；

（4）重复步骤（2）和（3）共 N 次；

（5）若 $N'/N \geq \alpha$，则返回"成立"；否则，返回"不成立"。

然后计算目标值，对目标函数 $\mathrm{Pr}\{f(\boldsymbol{x},\otimes) \geq \overline{f}\} \geq \beta$，其中 $\otimes$ 为灰色向量。使用灰色模拟方法寻找使 $\mathrm{Pr}\{f(\boldsymbol{x},\otimes) \geq \overline{f}\} \geq \beta$ 成立的最大值 $\overline{f}$。为了加快模拟过程，根据白化权函数生成 N 个独立的灰色向量 $\otimes_1,\otimes_2,\cdots,\otimes_N$，得到序列 $\{f_1,f_2,\cdots,f_N\}$，其中 $f_i = f(\boldsymbol{x},\otimes_i)$，$i = 1,$ $2,\cdots,N$。把 βN 的整数部分取为 N'，于是可以把 $\{f_1,f_2,\cdots,f_N\}$ 中第 N' 个最大的元素作为 $\overline{f}$ 的估计。

具体步骤如下：

（1）根据白化权函数 $\varphi(x)$ 生成 N 个灰色向量 $\otimes_1,\otimes_2,\cdots,\otimes_N$；

（2）令 $f_i = f(\boldsymbol{x},\otimes_i)$，$i = 1,2,\cdots,N$；

（3）令 N' 等于 βN 的整数部分；

（4）返回序列 $\{f_1,f_2,\cdots,f_N\}$ 中第 N' 个最大的元素。

我们用遗传算法与灰色模拟技术相结合的方法解决不能转化为确定型数学规划的灰色可能性相关规划问题，用灰色模拟计算目标值和处理目标约束，检验后代的可行性，用遗传算法的全局搜索能力优化出最优个体。具体步骤如下：

（1）对不确定函数 $U: x \to \mathrm{Pr}\{h_k(\boldsymbol{x},\otimes) \leq 0, k = 1,2,\cdots,q; g_j(\boldsymbol{x},\otimes) \leq 0, j \in J\}$ 利用灰色模拟产生输入输出数据；

（2）初始产生 $\mathrm{pop-size}$ 个染色体；

（3）根据产生的数据训练一个神经元逼近不确定函数；

（4）利用第（3）步训练的神经元检验初始染色体的可行性；

（5）更新染色体，对染色体进行交叉和变异，然后检验子代染色体的可行性；

（6）计算染色体目标值和适应度；

（7）通过旋转赌轮来选择染色体；

（8）重复步骤（5）到步骤（7），至给定的循环次数完成；

（9）给出最优的染色体作为最优解。

3.4 灰色期望值模型

灰色期望值模型的约束条件和目标函数都是在灰色期望值的情况下给出的，也就是在灰色期望约束条件下，求目标函数的灰色期望的最优值。假设 $\boldsymbol{x}$ 是一个决策向量，$\otimes$ 是一个灰色向量，$f(\boldsymbol{x},\otimes)$ 是灰色目标函数，$g_j(\boldsymbol{x},\otimes)$，$j=1,2,\cdots,p$ 是灰色约束函数，则有以下形式的灰色规划：

$$\max f(\boldsymbol{x},\otimes)$$
$$\text{s. t.} \quad g_j(\boldsymbol{x},\otimes) \leqslant 0, j=1,2,\cdots,p \tag{3-65}$$

上述描述显然只是一个直观的概念，而不是一个数学规划模型。因为首先我们不可能极大化灰色的目标函数 $f(\boldsymbol{x},\otimes)$，其次约束条件 $g_j(\boldsymbol{x},\otimes)$，$j=1,2,\cdots,p$ 也不可能给出一个清晰的可行集。但是在对民用飞机的费用—效能进行权衡优化的时候，类似的灰色规划确实存在。为了给出明确的灰色数学规划模型，提出灰色期望值模型。

3.4.1 模型的一般形式

为了得到最大期望收益的决策，建立如下的灰色期望值模型：

$$\max E[f(\boldsymbol{x},\otimes)]$$
$$\text{s. t.} \quad E[g_j(\boldsymbol{x},\otimes)] \leqslant 0, j=1,2,\cdots,p \tag{3-66}$$

式中，$\boldsymbol{x}$ 表示一个决策向量；$\otimes$ 表示一个灰色向量；$f(\boldsymbol{x},\otimes)$ 表示目标函数；$g_j(\boldsymbol{x},\otimes)$，$j=1,2,\cdots,p$ 表示灰色约束函数。

在对民用飞机的费用—效能进行权衡优化时，决策问题可能包含多个目标函数，这时可以建立多目标灰色期望值规划模型：

$$\max\{E[f_1(\boldsymbol{x},\otimes)], E[f_2(\boldsymbol{x},\otimes)], \cdots, E[f_m(\boldsymbol{x},\otimes)]\}$$
$$\text{s. t.} \quad E[g_j(\boldsymbol{x},\otimes)] \leqslant 0, j=1,2,\cdots,p \tag{3-67}$$

式中，$f_i(\boldsymbol{x},\otimes)$，$i=1,2,\cdots,m$ 是目标函数。

为了平衡多个目标，也可以建立相应的灰色期望值目标规划模型：

$$\min \sum_{j=1}^{l} P_j \sum_{i=1}^{m} (u_{ij}d_i^+ + v_{ij}d_i^-)$$
$$\text{s. t.} \begin{cases} E[f_i(\boldsymbol{x},\otimes)] + d_i^- - d_i^+ = b_i, i=1,2,\cdots,m, \\ E[g_j(\boldsymbol{x},\otimes)] \leqslant 0, j=1,2,\cdots,p, \\ d_i^+, d_i^- \geqslant 0, i=1,2,\cdots,m。 \end{cases} \tag{3-68}$$

式中，u_{ij} 表示第 i 个目标第 j 个优先级的正偏差的权重因子；v_{ij} 表示第 i 个目标第 j 个优先级的负偏差的权重因子；m 表示目标约束的个数；p 表示系统约束的个数；l 表示优先级的个数；g_j 表示系统约束中的函数；P_j 表示各个目标的相对重要性，称为优先因子，对所有的 j，有 $P_j \gg P_j + 1$；d_i^+ 和 d_i^- 分别表示目标 i 偏离目标值的正偏差和负偏差，分别定义为

$$d_i^+ = \{E[f_i(\boldsymbol{x},\otimes)] - b_i\} \vee 0 \tag{3-69}$$
$$d_i^- = \{b_i - E[f_i(\boldsymbol{x},\otimes)]\} \vee 0 \tag{3-70}$$

b_i 表示目标 i 的目标值；f_i 表示目标约束中的函数。

凸性是优化理论中经常讨论的问题。说一个数学规划模型是凸规划是指这个数学规划模型的目标函数和可行集都是凸的。灰色期望值模型有以下凸性方面的结论：

定理 3.12 假设对每一白化值 $\widehat{\otimes}$，如果函数 $f(\boldsymbol{x},\widehat{\otimes})$ 及 $g_j(\boldsymbol{x},\widehat{\otimes})$，$j=1,2,\cdots,p$ 关于决策向量 $\boldsymbol{x}$ 是凸的，则期望值模型

$$\max E[f(\boldsymbol{x},\otimes)]$$
$$\text{s. t.} \quad E[g_j(\boldsymbol{x},\otimes)]\le 0, j=1,2,\cdots,p \tag{3-71}$$

是凸规划。

证明 首先证明目标函数 $E[f(\boldsymbol{x},\otimes)]$ 关于 $\boldsymbol{x}$ 是凸的。对每一白化值 $\widehat{\otimes}$，由假设条件，函数 $f(\boldsymbol{x},\widehat{\otimes})$ 关于 $\boldsymbol{x}$ 是凸的，即对于给定的解关于 x_1，x_2 和纯量 $\lambda\in[0,1]$，有

$$f[\lambda x_1+(1-\lambda)x_2,\widehat{\otimes}]\le\lambda f(x_1,\widehat{\otimes})+(1-\lambda)f(x_2,\widehat{\otimes}) \tag{3-72}$$

根据期望值算子的定义，有

$$E\{f[\lambda x_1+(1-\lambda)x_2,\widehat{\otimes}]\}\le\lambda E[f(x_1,\widehat{\otimes})]+(1-\lambda)E[f(x_2,\widehat{\otimes})] \tag{3-73}$$

因此，目标函数 $E[f(\boldsymbol{x},\otimes)]$ 关于 $\boldsymbol{x}$ 是凸的。

下面证明可行集的凸性。即证明对于给定的解关于 x_1，x_2 和纯量 $\lambda\in[0,1]$，$\lambda x_1+(1-\lambda)x_2$ 也是可行解。根据函数 $g_j(\boldsymbol{x},\widehat{\otimes})$，$j=1,2,\cdots,p$ 的凸性，可以知道

$$g_j[\lambda x_1+(1-\lambda)x_2,\widehat{\otimes}]\le\lambda g_j(x_1,\widehat{\otimes})+(1-\lambda)g_j(x_2,\widehat{\otimes}),j=1,2,\cdots,p \tag{3-74}$$

从而对一切 $j=1,2,\cdots,p$，有

$$E\{g_j[\lambda x_1+(1-\lambda)x_2,\widehat{\otimes}]\}\le\lambda E[g_j(x_1,\widehat{\otimes})]+(1-\lambda)E[g_j(x_2,\widehat{\otimes})],j=1,2,\cdots,p$$

因此 $\lambda x_1+(1-\lambda)x_2$ 也是可行解，由此可知可行集也是凸的。也就是说灰色期望值模型是凸规划。

3.4.2 混合智能算法求解

从数学的观点看，灰色期望值模型和确定性数学优化问题的区别不大，只是灰色期望值模型中存在多重积分。对灰色期望值模型的求解除了确定性求解方法之外，同样可以利用灰色模拟和遗传算法结合神经网络的混合智能算法，主要步骤如下：

(1) 对不确定函数 $U:x\to E[f(\boldsymbol{x},\otimes)]$ 利用灰色模拟产生输入输出数据；

(2) 初始产生 pop-size 个染色体；

(3) 根据产生的数据训练一个神经元逼近不确定函数；

(4) 利用第（3）步训练的神经元检验初始染色体的可行性；

(5) 更新染色体，对染色体进行交叉和变异，然后检验子代染色体的可行性；

(6) 计算染色体目标值和适应度；

(7) 通过旋转赌轮来选择染色体。

(8) 重复步骤（5）到步骤（7），至给定的循环次数完成；

(9) 给出最优的染色体作为最优解。

3.5 本章小结

为了在灰色环境下解决民用飞机全寿命周期费用与效能的综合权衡优化，本章在考虑灰色变量的可能性测度的情况下建立了 GPMP 模型。在建模理念的角度上，主要是利用三条基本途径处理 GPMP 模型中的不确定函数：一是从可能性测度的角度考虑。当约束条件中含有灰色变量并且在决策时观测不到灰色变量的实现值时，我们可以允许所作决策在一定程度上不满足约束条件，在事先给出的置信水平下，只要求使约束条件的可能性测度不小于这个置

信水平就可以，在这种情况下建立灰色可能性约束规划模型。二是从极大化事件实现的可能性出发建立灰色可能性相关规划模型。三是从期望值的角度出发建立灰色期望值模型。在本章中研究了三类模型的求解方法，对于灰色可能性约束规划模型、灰色可能性相关规划模型，给出了确定性等价形式的解和利用混合智能算法求解的方法。对于灰色期望值模型，给出了混合智能算法求解。

第四章　基于 GPMP 模型的民用飞机
费用—效能综合权衡优化

民用飞机是一个复杂的大系统，对于某种型号的飞机，其效能与费用的权衡分析贯穿整个全寿命周期。研究民用飞机效能与费用之间的权衡，对有效降低民用飞机的全寿命周期费用、提高研制水平都具有重要意义。对于民用飞机的效能、性能参数与寿命周期费用之间的权衡，目前国内外研究成果尚且不多；对于民用飞机的全寿命周期费用与效能和性能参数权衡过程中可能出现的不确定性问题，如关键性能参数工程实现的不确定性问题、费用估算中的不确定性问题等更是少有文献考虑。本章采用费用作为独立变量的方法建立民用飞机费用—效能综合权衡优化模型，通过对民用飞机寿命周期费用、性能和系统效能之间的权衡优化，达到减小寿命周期费用的目的。然后考虑模型中的灰色不确定性因素，将 GPMP 模型引入权衡过程，建立基于 GPMP 模型的民用飞机费用与效能综合权衡优化模型，权衡的最终结果对整个寿命周期的费用管理起指导作用。

4.1　费用—效能综合权衡优化

4.1.1　费用—效能权衡优化的目标

对于民用飞机的系统效能，由于研究目的以及研究范围的不同，给出的定义也不完全相同。但不同的定义中基本包含三条基本信息：一是系统具有预期任务；二是系统在预期的使用条件下执行任务；三是对系统完成任务能力进行适当度量。因此可以把效能定义为系统执行预期任务能力的度量。

民用飞机的费用和效能的权衡优化可以表述为以寿命周期费用所获得的飞机的效能大小为标准，对飞机的各种备选方案进行评价，选择最优方案。对于民用飞机这样的复杂的大系统，效能与费用的权衡分析贯穿整个寿命周期，涉及飞机的所有分系统和所有与之有关的附属系统，其整个寿命周期是一个开放的复杂的巨系统，这样的一个多目标决策问题不存在最优解，只能找到非劣势解集，从而求出满意解。

民用飞机的效能与费用是两个相互制约的因素，对两者进行科学合理的综合评估，对于民用飞机的发展和使用有着很重要的意义。一般来讲，影响到民用飞机系统效能的各种因素，也都会影响民用飞机的寿命周期费用。民用飞机的系统效能和费用的分解结构对应关系如图 4.1 所示。

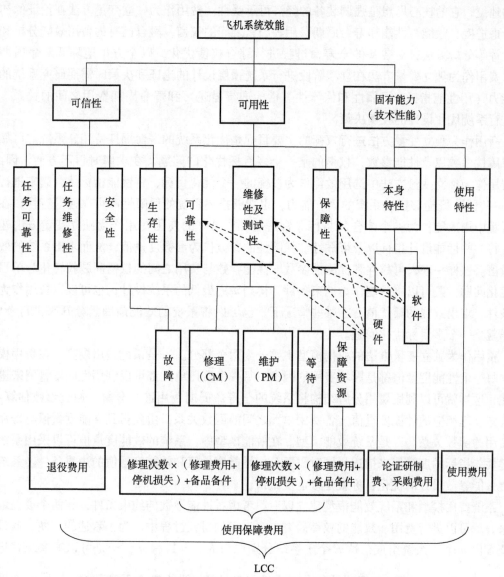

图 4.1　民用飞机的系统效能和费用的分解结构对应关系

对民用飞机的系统效能和寿命周期费用进行权衡，实际上就是对于可行域内任意给定的点，寻求在相同费用下获得最高的效能，或者在相同的效能下具有较低的费用，二者必居其一。

从图 4.1 可以看出，民用飞机效能和费用相互影响相互制约，两者不可能同时达到最优，它们是一对矛盾共同体，只能满足相对最优。本书将分析民用飞机效能和费用权衡的需求，建立民用飞机系统寿命周期费用和效能的权衡优化模型。主要从满足系统效能需求的前提条件下，寻求最优的费用目标的角度讨论问题。

4.1.2　费用作为独立变量方法

费用作为独立变量方法，是美国军方提出的一项武器装备采办费用的管理技术。费用作为独立变量，作为设计的输入而不是被动的输出，在设计时将费用放在与进度和性能同等重要的地位，它的核心思想是强调装备的经济可承受性。费用作为独立变量方法在论证的初期就考虑进度、效能、性能和寿命周期费用等因素之间的权衡，融合已有的费用效能分析和费用设计等分析方法，对装备的全寿命过程进行综合权衡优化，以全方位地降低寿命周期费用。费用作为独立变量方法在立项阶段进行系统顶层设计的论证和决策时需要研究系统的固有能力（用性能指标、可靠性和保障性等指标进行描述）和寿命周期费用之间的关系，然后进行系统优化设计的权衡决策。

费用作为独立变量方法进行权衡的主要目标是优化系统的寿命周期费用、系统的可靠性和保障性参数以及性能参数，权衡的是一个多目标优化的问题，在求解时很不方便。因此，在费用作为独立变量方法中选用效能作为权衡的一个优化目标，将性能指标统合起来进行考虑。"效能"既能够描述系统的固有能力，也能够描述系统的保障性和可靠性等特性，在权衡过程中用效能作为一个综合的指标非常适用。在具体的使用费用作为独立变量方法建模时，将一些性能设计指标以及可靠性和保障性的参数作为参数度量值，从而求出系统的效能度量值。这样一来，可靠性和保障性参数、性能参数与费用之间的权衡问题就转化为单目标的优化问题，既可以将效能作为约束条件，得到费用最低的系统设计；也可以以费用作为约束条件，求出效能的最优值。在某些情况下，也可以将系统的效能诸因素分开来进行考虑，这样就是一个多目标优化问题。

费用作为独立变量方法的权衡模型主要分为两个部分。一是系统费用模型。在费用模型中，每一个性能度量值都是影响费用的因素，每一个费用单元都可以利用性能度量值来进行描述，这样就可以利用费用分解结构将系统的全寿命周期费用进行分解。通过参数估算法，最终建立起相应的性能度量值与各费用单元之间的函数关系，由此得到性能度量值与寿命周期费用的函数关系。二是系统效能模型。在效能模型中，系统的效能度量值可以采用系统的关键性能指标的度量值来描述，同时需要分析性能度量值和效能度量值的边界条件。系统的关键性能参数设计的优化目标就是效能度量值。

系统费用模型和系统效能模型建立以后，考虑各性能参数的约束条件，将两个模型综合起来，就可以进行费用、效能的权衡研究。在下面的研究过程中，为了叙述的方便，假设某系统 S 由 n 个子系统组成，这 n 个子系统分别记为 $K_i, i = 1, \cdots, n$，于是可以把系统 S 记为 $S = \{K_1, \cdots, K_n\}$，设第 i 个子系统包含 r_i 个性能度量值，那么整个系统共有 $r = \sum\limits_{i=1}^{n} r_i$ 个性能度量值。系统的效能度量值记为 E。将该系统的性能度量值用向量形式描述为 $\boldsymbol{P} = \{p_1, p_2, \cdots, p_r\}$。下面就以这些设定为基础对具体的建模方法进行研究。

4.1.3 效能模型

民用飞机的系统效能作为整个飞机系统完成任务的能力的度量，出于不同的目的可以给出不同的定义，采用不同的模型。民用飞机系统效能建模时可以采用的方法有专家评分法、实验统计法、效能指数法、参数效能法和解析法等，如图4.2所示。

专家评分法是请多名专家"打分"，选择最能反映系统效能特征的指标，汇总处理得到系统效能值。该方法受专家的个人倾向影响，精度不高，但简便易行。实验统计法是在模拟的环境或规定的现场中，观察性能特征，统计、分析、处理收集数据，评定系统效能。该方法耗资大，需要时间长，但结果准确，不宜在论证初期采用。效能指数法在专家们丰富经验的基础上，提出了一个统一的度量标准，以系统的主要性能指标为依据来综合评估系统效能。该方法适用于宏观分析和快速评估，简单、清晰、使用方便。参数效能法采用多元回归直接建立主要参数与系统效能的关系式，是根据专家对已有型号的效能评估值来评估新研制系统的效能。该方法评估结果受样本值的影响较大，但操作简单，易于理解。解析法具有公式易于理解、计算简单、透明性好的特点，是根据给定条件与效能指标之

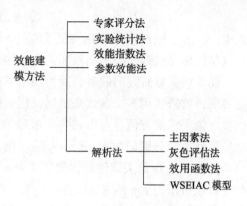

图 4.2　效能建模的主要方法

间的解析表达式来计算系统效能的。解析法又包含有主因素法、灰色评估法、效用函数法和 WSEIAC 模型等，其中目前应用最广泛的是 WSEIAC 模型。

在传统的飞机费用—效能分析过程中，建立民用飞机效能模型的主要目的是在方案评价的阶段对民用飞机的效能进行评价。但是用费用作为独立变量方法建立民用飞机效能模型的目的并不是把其作为一种评价方法，而是将其作为民用飞机费用—效能综合权衡分析模型的一部分。在民用飞机费用—效能综合权衡优化模型中，民用飞机的效能只是权衡优化过程中的一个约束条件或者是目标函数。因此，费用作为独立变量的方法中不能单纯依靠现有的建模方法和原则建立效能模型，还应注意以下特有的建模原则：

首先是民用飞机效能度量值应该是所涉及的关键性能参数的函数，并且所有的关键性能参数都必须是可测指标。

其次是在描述民用飞机系统的效能时应该尽量采用单参数度量值。因为民用飞机效能值在费用作为独立变量方法中是我们权衡优化的目标函数，在对最优化问题进行求解时采用单参数度量值比较方便求解。如果在民用飞机效能模型中出现多参数度量值，那么最优化问题就会成为多目标规划问题，会给求解带来很多麻烦。

最后是民用飞机的效能模型必须能够体现系统的特点，必须是合理的。具体来说，在建立效能模型时，需要进行比较详细的情景设定，或者必须规定一个具体的任务环境。

民用飞机的效能度量模型描述的是性能度量值与效能度量值的关系。具体问题当中，这种关系是不是一种函数关系是不确定的，如果是一种函数关系，则可以建立函数的解析式；如果这种关系不是一种具体的解析函数关系，则可采用仿真技术建立仿真关系模型。

在费用作为独立变量方法当中，建立民用飞机的效能模型就是要对民用飞机的某一方面能力用效能度量值来描述。效能度量值可以是一个，也可以是多个。国外的费用作为独立变量示范项目中，研究和建模时常常用一些关键性能参数作为效能度量值。为了描述民用飞机不同方面的能力，在民用飞机的系统中可能存在多个效能度量值。除了关键性能参数可以作为效能度量值以外，还可以采用其他一些指标作为民用飞机的效能度量值。此外，民用飞机的总体性能模型也可以作为一种效能度量模型，在一定程度上也能够定量地描述民用飞机的能力，但是为了能够完整地描述民用飞机的系统效能还需要结合一些其他的保障性参数。

根据以上原则，可以以民用飞机关键性能指标为参数建立效能模型，该模型可以表示为效能度量值与 r 个性能度量值之间的函数关系。即

$$E = F(p_1, p_2, \cdots, p_r) \qquad\qquad (4-1)$$

式中，$p_1, p_2, \cdots, p_r$ 表示民用飞机系统的 r 个关键性能参数；E 表示民用飞机效能的度量值，可以是民用飞机系统的单项效能或者总体效能指标。

如果在实际研究问题时，因为民用飞机的多任务特性，单个参数的效能度量方式不能满足要求，就需要用多个参数来描述民用飞机的效能。我们也可以采用一个总效能度量值进行评价，为了求解方便，可以将各个单项的效能度量值综合起来。假设民用飞机系统有 m 个效能度量值，分别记为 $E_1, E_2, \cdots, E_m$，则 $E_i = f_i(p_{i1}, \cdots, p_{ik})$，$i = 1, 2, \cdots, m$，这里的参数集合 $\{p_{i1}, \cdots, p_{ik}\}$ 是关键性能参数集合 $P = \{p_1, p_2, \cdots, p_r\}$ 的子集。这时民用飞机系统的总体效能可以表示为 $E = F(E_1, E_2, \cdots, E_m) = F^*(p_1, p_2, \cdots, p_r)$。$F^*$ 为效能度量值与 $p_1, p_2, \cdots, p_r$ 新的函数关系。E、E_i 可以用公式表示为：

$$\begin{cases} E = F(E_1, E_2, \cdots, E_m), \\ E_i = f_i(p_{i1}, \cdots, p_{ik}), i = 1, 2, \cdots, m。 \end{cases} \qquad (4-2)$$

根据现有的技术水平和任务需要，效能度量值和性能度量值都有一定的取值范围。对于效能度量值，往往希望它越高越好。如果采用的是关键性能参数作为效能度量值，那么根据采办需求值 E^*，需要规定效能度量值的下限，即 $E \geqslant E^*$，如果决策者对该关键性能参数的期望是越小越好，就规定效能度量值的上限，即 $E \leqslant E^*$。对于采用多个性能参数度量效能的民用飞机系统，还可以规定每一个度量参数的取值下限，即 $E_i \geqslant E_i^*$，$i = 1, 2, \cdots, m$。对于性能度量值，假设对某个 p_i 而言，其取值的上下限分别为 p_i^U 和 p_i^L，那么这个性能度量值在效能模型中的约束条件即取值范围就是 $p_i^L \leqslant p_i \leqslant p_i^U$。

4.1.4　费用模型

费用模型中的费用是指民用飞机的全寿命周期费用。在民用飞机的全寿命周期过程中，需要对民用飞机系统的总体能力和整个系统的经济可承受性进行决策和权衡，首先需要考虑民用飞机系统的总体能力是由哪些性能指标或者设计变量来体现，然后考虑这些设计变量与民用飞机全寿命周期费用之间的关系，即建立寿命周期费用与性能度量值之间的数学模型。

为满足以上的建模需要，费用作为独立变量技术用参数估算法作为寿命周期前期所用的费用建模方法。一方面，是因为在寿命周期的前期参数估算法是最为适用的费用估算法，它可以将设计变量作为寿命周期费用的主要影响因素建立函数关系，同时其准确度也相对较高，正好满足权衡的需要。另一方面，参数估算模型中的人为主观判断影响较少，往往是根据历史数据的回归分析而得到的，估算结果是比较客观可信的。

在费用作为独立变量方法中采用的费用模型一般是基于性能参数的费用模型，基于性能参数的费用模型将寿命周期费用分解为一些费用单元，这些费用单元分别与各性能指标对应，对每一个费用单元建立费用估算模型。

在应用当中，对民用飞机寿命周期费用进行分解时，可以分别估算民用飞机的各子系统的费用。整个民用飞机的费用可以表示为：

$$\begin{cases} C = \sum C_i, \\ C_i = \varphi_i(p_{i1}, \cdots, p_{ik})。 \end{cases} \qquad i = 1, 2, \cdots, n \qquad (4-3)$$

式中，$\{p_{i1}, \cdots, p_{ik}\}$ 表示与第 i 个子系统相关的性能度量值，是性能度量值集合 $\{p_1, p_2, \cdots,$

p_r} 的子集；C_i 表示第 i 个子系统的费用。式（4-3）还可以推导为下式：

$$C = \varphi(p_1, p_2, \cdots, p_r) \tag{4-4}$$

该式表明民用飞机的全寿命周期费用是由多个性能参数共同影响决定的。将民用飞机全寿命周期费用分解到各个子分系统以后再分别估算，利于研制人员和决策者的理解，同时可以降低回归分析的难度。

纵观以上建模过程，为了能够满足系统顶层设计和指标论证的需要，在立项论证过程中一般采用比较粗略的估算模型对费用进行估算。$p_1, p_2, \cdots, p_r$ 在模型中一方面作为决策变量参与权衡，另一方面能够在最后得到其最优解，这个最优解又可以作为依据对下一阶段进行权衡。

4.1.5 权衡空间

民用飞机费用和效能权衡的实质是通过定义和使用可行的权衡空间，充分利用潜在的因素，以降低费用或者提高效能。一般情况下，权衡空间是指备选方案的范围。权衡空间的可行性由约束条件来限制，比如用费用和效能的上限值或者下限值来限制，只有在限制范围内的权衡空间才是可行的权衡空间。

在建立民用飞机系统的效能模型时，性能度量值与效能度量值各有自己的取值范围；在民用飞机的寿命周期费用模型中，考虑经济上的可承受性，对民用飞机的寿命周期费用也有一定的约束条件。民用飞机寿命周期费用的约束条件和各性能指标值的约束条件共同组成了"权衡空间"，它可以描述为一个 $r+1$ 维空间，表示由 r 个设计参数的取值范围和费用的取值范围构成的封闭空间。权衡空间如图 4.3 所示，p 表示关键性能参数，p^L 表示能够满足需求的性能参数的最低值，p^U 表示能够满足需求的性能参数的最高值，取值范围为 $p^L \leqslant p \leqslant p^U$。根据问题的实际意义，对一些指标而言，较小的值反而优于较大的值，这时就有 $p^U \leqslant p \leqslant p^L$。$C^U$ 表示在经济可承受性的前提下系统的最高费用，C_{min} 表示在经济可承受性的前提下系统的最低费用。

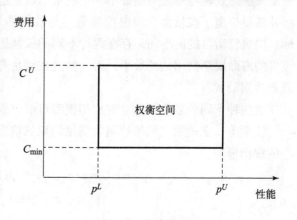

图 4.3 权衡空间

"权衡空间"在民用飞机费用—效能权衡优化模型中的实际意义就是指标方案的可行集，它既可以是一些离散的点的集合，也可以是一个连续空间，是系统顶层设计的所有的备选方案的集合，表明有限的备选方案。

对于每一个性能度量值，如何界定其上下限，其过程类似于技术可行性分析，是非常复杂的问题。需要对民用飞机研制的现有技术水平、环境条件、系统结构、目标特性等进行分析研究，通过分析最终确定各指标相对比较合理的取值范围。在建立民用飞机性能指标的权衡空间时，可以借鉴以下方法。

一是确定权衡空间的取值范围时可以参考目前已有的民用飞机的性能指标。一般情况下，开发研制新的民用飞机，可能是由于原有的民用飞机在某些方面的性能不能满足要求，因此要求新研制的民用飞机必须要在这些性能指标上超越原有的民用飞机。所以说可以参考原有民用飞机的性能指标，将已有民用飞机的性能指标作为权衡空间的下限。另外，需要考虑的一种情况是原有民用飞机系统过于先进，使我们在决策时认为不需达到这么高的性能指标，这时可以把原有民用飞机的性能指标值作为指标权衡的上限。这两种情况都可以解决一部分问题，但是后一种情况只是个别现象。

二是确定权衡空间的取值范围时应该根据目前的工艺水平、科技水平，从技术可行性的角度出发，来给出各性能指标的限定值。在确定权衡空间时，如果某些指标的取值范围超出了现有能力，那么这个目标也只能是一个无法达到的结果，因此在设定性能指标的限定范围时只能以现有技术水平为准。

三是考虑到研制开发新的民用飞机系统的主要动机是要完成特定的任务，因此以满足需求或任务需要的性能指标门限值作为指标的取值范围，这种情况下性能指标门限值更多时候作为指标的下限。在进行权衡时，开发者和决策者需要关心的问题是民用飞机系统具备何种性能水平才能确保完成这些任务，可以通过建模与仿真技术来解决这些问题。

使用以上的方法，每个性能度量值的最高门限值和最低门限值就可以确定下来。在进行民用飞机费用—效能综合权衡时，以每一个性能度量值为变量，这些变量在各自的范围内取值构成权衡空间，在权衡优化时就可以从权衡空间里找到最优的方案。

4.1.6 费用—效能综合权衡优化模型

在效能模型和费用模型建立以后，加上权衡空间的范围限制，就可以通过性能度量值将民用飞机的效能与寿命周期费用联系起来。以上的模型建立以后，就需要确定优化设计的目标并加以权衡。在权衡空间中找到费用与效能的最佳平衡点，就是我们权衡优化设计的目标。按照权衡目的的不同，存在两种不同的权衡思路，一种是在满足需求的情况下，使民用飞机的寿命周期费用达到最小；另一种是在满足寿命周期费用约束的条件下，使民用飞机的效能达到最大。

这两种不同的思路下建立的权衡模型可以分别用下面的模型Ⅰ和模型Ⅱ表示。

模型Ⅰ：在民用飞机的效能值满足约束的情况下，使民用飞机的全寿命周期费用达到最小的权衡模型。

$$\min C = \varphi(p_1, p_2, \cdots, p_r)$$

$$\text{s. t.} \begin{cases} p_i^L \leqslant p_i \leqslant p_i^U, i = 1, \cdots, r, \\ F^*(p_1, p_2, \cdots, p_r) \geqslant E^*, \\ E_i \geqslant E_i^*, i = 1, \cdots, r, \\ g_j(p_1, p_2, \cdots, p_r) \leqslant 0, j = 1, \cdots, n. \end{cases} \quad (4-5)$$

这里的符号表示的意义和前文相同。

模型Ⅱ：在满足寿命周期费用约束的条件下，使民用飞机的效能达到最大的权衡模型。

$$\max E = F^*(p_1, p_2, \cdots, p_r)$$

$$\text{s. t.} \begin{cases} p_i^L \leqslant p_i \leqslant p_i^U, i = 1, \cdots, r, \\ \varphi(p_1, p_2, \cdots, p_r) \leqslant C^U, \\ g_j(p_1, p_2, \cdots, p_r) \leqslant 0, j = 1, \cdots, n. \end{cases} \quad (4-6)$$

这里 $g_j(p_1,p_2,\cdots,p_r)$ 表示可能存在的其他一些约束条件，其他的符号所表示的意义和前文相同。

在以上两个模型中，求解出各变量的取值，即得权衡空间内的最优解。除了可以得到民用飞机的寿命周期费用值 C，各性能指标、可靠性、维修性、保障性的度量值 p_i，民用飞机能力的效能度量值 E 外，还可以求得民用飞机各功能模块的效能度量值 E_i。这些数据的获得将为之后的工程研制和详细设计以及系统方案的决策提供依据。

在民用飞机费用—效能的权衡优化过程中，以上讨论的变量可能以混合的形式出现，既有离散型、连续型的，也有整数型的，那么权衡优化就呈现出一些不连续、多极值和非凸的特点。求解这类均衡优化问题可以采用广义领域的搜索算法（如遗传算法）。

本书主要考虑在满足需求、效能值满足约束条件的情况下，使民用飞机的全寿命周期费用达到最小，也就是在对民用飞机的费用—效能进行权衡优化的过程中，寻求民用飞机全寿命周期费用的最小值。

4.2　费用与效能中的不确定性

4.2.1　不确定性问题描述

在上面的讨论中，我们根据费用作为独立变量技术把民用飞机的效能或者民用飞机的寿命周期费用作为性能参数设计的共同优化目标，分别建立费用与性能参数的关系模型和效能与性能参数的关系模型，将费用模型和效能模型与权衡空间综合起来，得到民用飞机费用—效能综合权衡优化模型。在建立效能模型时，用民用飞机的效能度量值来描述系统"能力"的大小，这种方法在权衡过程中也是比较合理的。选择费用和效能中的一个变量作为优化目标，选择另一个作为约束条件，可以把费用、效能以及性能参数之间的多目标规划问题简化为单目标的优化问题，简化了运算过程。本书将沿用这种思想，把民用飞机效能和寿命周期费用作为性能设计的优化目标，根据费用作为独立变量方法建立费用、效能与性能指标之间的基本权衡模型。

但是从上面的讨论过程可以看出，在费用—效能综合权衡模型中，没有考虑生产研制过程中的不确定因素对设计值的工程实现所产生的影响，将费用、性能参数等都简单地当作一种确定型的变量进行处理。这样虽然求解比较方便，但是其中也存在一些问题。因为变量可能是混合型的，权衡过程有不连续、多极值和非凸的性质，受不确定因素的影响，所以一旦某个性能参数没有达到既定的目标，民用飞机的效能度量值与寿命周期费用目标就会发生大的偏移，会给我们造成一些不必要的损失。在民用飞机的寿命周期过程中，费用、效能以及性能参数中存在的不确定因素有很多，具体有以下几种：

一方面，民用飞机费用—效能综合权衡模型可以得到决策向量、效能度量值和费用目标值。得到这些结果的前提是研制过程能够完全实现预期各项指标，费用估算模型是可信的。但是研制过程中可能由于种种原因而导致不能完成预期的指标参数值。另外在实际问题中，民用飞机全寿命周期费用模型是一种参数估算模型，估算模型本身也存在一定偏差，因此参数估算模型通常也都需要考虑其不确定性。如果采用的民用飞机全寿命周期费用模型的偏差是比较小的，设计变量的扰动也比较小，因此风险也很小的情况下，我们就可以认为民用飞机费用—效能综合权衡优化模型所得的权衡结果是适用的，否则权衡模型所得的结果也将变得不可信。

另一方面，民用飞机费用—效能综合权衡模型中所求出的参数值实际上是一个预期的目标值，在实际的生产过程和工程研制过程中，这个预期的目标值不一定能实现。也就是说，在实际工程和理论预测之间这些参数值可能会存在一定的偏差，而这种偏差在进行费用—效能综合权衡优化时也应当进行考虑。比如对性能指标参数来说，常见的问题是工程的实际实现值与事先所制定的性能参数目标之间经常会存在偏差，因此在费用—效能综合权衡优化时需要引入一个不确定变量来描述性能参数的取值。

除此以外，在民用飞机的寿命周期过程中还有很多其他的不可预期的客观产生的或人为的不确定性因素，这些因素在寿命周期的前期是不容易进行描述和预测的，比如以下几种情况：

（1）民用飞机要求存在不确定性。由于最初考虑不周、有问题、有遗漏或者由于任务环境发生变化而必须更改或者补充最初提出的任务要求。如果研制的进度要求提前，也将影响系统的最终费用。

（2）民用飞机设计方案的不确定性。为适应新的要求或由于实验值与理论计算值有较大的差异或为克服出人意料的困难而必须修改设计方案或其参数或增加实验项目等。

（3）应用技术的不确定性。即应用技术的不断发展与变化。估算费用时，由于一些重要条件尚未完全确定（如生产量、实验大纲、生产和使用条件等）而使与其有关的技术措施及其相应费用的估算带来误差。

（4）费用估算自身的不确定性。费用历史数据的不完整性、不准确，浮动的经济条件（劳动工时费，贴现和价格），费用估算方法及公式的误差；影响费用的关键参数（变量值）在设计过程中的不确定性等。

（5）民用飞机全寿命周期过程中一定存在这样或者那样的不确定性，在决策的时候就会增加风险，在使用费用作为独立变量方法进行民用飞机费用—效能综合权衡优化的过程中，就必须考虑这些不确定性。有鉴于此，我们在下面的研究中考虑模型中的不确定性因素的影响引入灰色变量，建立灰色可能性测度规划模型，研究顶层设计参数变化时对总费用和系统效能的影响。

4.2.2 权衡模型的不确定性研究

根据前面对不确定性问题的描述，下面具体研究费用—效能综合权衡优化过程中存在的不确定性，以改进原有的民用飞机费用—效能综合权衡优化模型。

首先，因为民用飞机系统的设计参数只是一个预期的目标值，其含义是灰的，所以我们将其作为灰色变量进行处理。另外，这些参数呈现灰色特征的原因是其预期值和实际值之间有一定的偏差，因此我们将决策变量和不确定因素产生的扰动区分开。比如对于某个性能度量值的决策值为 p_i，在开发出的实际系统中，由于寿命周期过程中风险的影响，参数将变为 $p_i^* = p_i + \otimes_i$，其中 $\otimes_i$ 是一个灰色变量，是受风险影响所产生的偏差，这样就将寿命周期过程中民用飞机系统技术状态受到的各种风险的影响定量描述出来。

其次，民用飞机全寿命周期费用模型中也存在不确定性，把这种不确定性也用灰色变量来描述。因为在民用飞机的全寿命周期费用模型中，参数往往是利用历史数据回归得到的，这种方法存在一定的误差。另外，在民用飞机全寿命周期过程中一些风险因素是非技术性的，比如物价上涨或者政策方面的影响等，这些风险因素可能会对费用造成比较大的影响，因此在决策时不可忽略。所以，我们将寿命周期费用的估算表达式变为：$C = \varphi(p_1, p_2, \cdots, p_r) + \otimes$，式中，$\otimes$ 描述的是费用估算中的不确定性，是一个灰色变量，用它来表示费用受到的非技术性风险因素的影响以及估算误差的影响。可以假设费用估算关系为：

$$y_1 = a_0 + a_1 x_{11} + a_2 x_{12} + \cdots + a_p x_{1p} + \otimes_1$$
$$y_2 = a_0 + a_1 x_{21} + a_2 x_{22} + \cdots + a_p x_{2p} + \otimes_2$$
$$\cdots \qquad\qquad (4-7)$$
$$y_n = a_0 + a_1 x_{n1} + a_2 x_{n2} + \cdots + a_p x_{np} + \otimes_n$$

式中，$a_0, a_1, a_2, \cdots, a_p$ 表示待定系数；$x_1, x_2, \cdots, x_p$ 表示特征量即参数；$\otimes_1, \otimes_2, \cdots, \otimes_n$ 表示灰色参数变量。

费用的参数估算关系有时是由非线性回归方程组得到的，这个时候的估算关系式为：

$$\ln y_1 = a_0 + a_1 \ln x_{11} + a_2 \ln x_{12} + \cdots + a_p \ln x_{1p} + \otimes_1$$
$$\ln y_2 = a_0 + a_1 \ln x_{21} + a_2 \ln x_{22} + \cdots + a_p \ln x_{2p} + \otimes_2$$
$$\cdots \qquad\qquad (4-8)$$
$$\ln y_n = a_0 + a_1 \ln x_{n1} + a_2 \ln x_{n2} + \cdots + a_p \ln x_{np} + \otimes_n$$

在模型的一般形式中，对于我们所建立的民用飞机周期费用与关键性能参数的关系模型 $\varphi(p_1, p_2, \cdots, p_r)$，由于事实上存在性能参数工程实现值的偏差，因此估算值可能变为 $\varphi(p_1 + \otimes_1, p_2 + \otimes_2, \cdots, p_r + \otimes_r) + \otimes$。

最后，在民用飞机的效能模型中，如果各性能设计参数和效能度量值之间存在确定的解析函数关系，那么风险因素对这个函数关系本身不会产生影响，因而不存在不确定性。但是前面的分析表明，一些性能参数自己可能带有灰色参数，由于效能度量值和性能参数之间存在函数关系，效能度量值也就具有了灰色性质，成了一个灰色的因变量，即有 $E = F(p_1 + \otimes_1, p_2 + \otimes_2, \cdots, p_r + \otimes_r)$。

通过以上的研究，各种不确定因素的影响就被描述出来。

这样，民用飞机费用—效能综合权衡解析模型就考虑了更多的不确定性问题，尤其在费用模型当中，不仅费用分布的位置参数是一个灰色变量，费用估算的误差也是一个灰色变量。费用—效能综合权衡优化模型中灰色变量的出现，使权衡问题变得复杂起来。在这种情况下，就不能简单地采用启发式方法或蒙特卡罗法给出具体的费用分布描述。为了解决这一类问题，我们可以通过第三章建立的灰色可能性测度规划理论来进行研究。

4.3　基于 GPMP 的费用—效能综合权衡优化模型

在民用飞机的寿命周期过程中，对费用—效能综合权衡优化模型中的有关变量采用以上讨论的方法进行不确定性处理。在费用建模时，考虑估算关系的不确定性。将历史数据与拟合数据之间的偏差用灰色变量表示，反映估算关系的不确定性。费用的估算表达式变为：$C = \varphi(p_1 + \otimes_1, p_2 + \otimes_2, \cdots, p_r + \otimes_r) + \otimes$，式中，$C$ 表示理论预测值；$\otimes$ 表示费用估算关系的灰色不确定变量。考虑关键性能参数的不确定性后将关键性能参数值 p_i 变为 $p_i + \otimes_i$，其中，$\otimes_i$ 也是灰色不确定变量，表示生产研制过程中产生的偏差。

将以上的灰色参数引入民用飞机费用—效能综合权衡优化模型后，结合第三章的灰色可能性测度规划理论可以建立民用飞机费用—效能灰色综合权衡优化模型，描述费用、效能和性能参数之间的相互影响关系。

4.3.1　基于灰色可能性约束规化的权衡优化模型

将设计参数偏差的不确定变量和估算关系不确定变量都作为灰色变量进行处理，并代入基本民用飞机费用—效能综合权衡优化模型，在权衡过程中采用的原则是允许作出的决策在一定可能性下可以不满足约束条件，只要求在事先给定的置信水平下约束条件成立即可。那么民用飞机费用—效能的综合权衡优化问题就成为一个灰色可能性约束规划问题。在这种情况下，我们采用灰色可能性约束规划方法对式（4-5）进行改进，得到民用飞机费用—效能综合权衡的灰色可能性约束规划模型。用公式可以表示为：

$$\min C$$
$$s.t. \begin{cases} \Pr\{F(p_1 + \otimes_1, p_2 + \otimes_2, \cdots, p_r + \otimes_r) \geq E^*\} \geq \beta, \\ \Pr\{\varphi(p_1 + \otimes_1, p_2 + \otimes_2, \cdots, p_r + \otimes_r) \leq C\} \geq \alpha, \\ p_i^L \leq p_i \leq p_i^U, i = 1, \cdots, r. \end{cases} \quad (4-9)$$

式中，C 表示费用的 α 乐观值；$\Pr\{\cdot\}$ 表示事件成立的灰色可能性测度；α 表示费用约束条件成立的置信水平；β 表示效能决策目标的置信水平，其余各符号所表示的意义与前文一样。灰色可能性约束规划权衡优化模型的意义为：在事先给定效能约束条件成立的可能性测度的下限值的情况下，求费用的乐观值 C，使其置信水平为 α，这个值既是优化目标，也是判别条件。

4.3.2　基于灰色可能性相关规化的权衡优化模型

在费用、效能权衡模型中考虑前文所述的不确定性，在基本模型的基础上增加灰色变量，将不确定性引入费用、性能与效能的权衡问题中，权衡过程中考虑在给定的不确定环境中极大化费用和效能的灰色可能性测度函数，民用飞机费用—效能综合权衡优化模型就变成一个灰色可能性相关规划问题。这样就可以采用灰色可能性相关规化理论对原来的民用飞机费用—效能综合权衡优化的基本模式式（4-5）进行改进，得到极大化费用和效能的可能性测度函数的灰色可能性相关规划模型。在式（4-5）所描述的规划问题中，如果设计参数受风险影响所产生的偏差为灰色变量 $\otimes_i$，$i = 1, \cdots, r$，费用估算关系的灰色不确定变量为 $\otimes$，则民用飞机费用—效能综合权衡优化的灰色可能性相关规划模型用公式表示为：

$$\max \begin{cases} \Pr\{\varphi(p_1 + \otimes_1, p_2 + \otimes_2, \cdots, p_r + \otimes_r, \otimes) \leq C\}, \\ \Pr\{F(p_1 + \otimes_1, p_2 + \otimes_2, \cdots, p_r + \otimes_r, \otimes) \geq E^*\}. \end{cases} \quad (4-10)$$
$$s.t. \quad p_i^L \leq p_i \leq p_i^U$$

该模型所表示的意义为：在灰色不确定环境下，使费用和效能满足一定条件的可能性最大。式中的各符号的意义与前文相同。

4.3.3　基于灰色期望值的权衡优化模型

在费用、效能权衡模型中考虑前文所述的不确定性，在基本模型的基础上增加灰色变量，将不确定性引入费用、性能与效能的权衡问题中，考虑在灰色期望约束下，使目标函数的灰色期望值达到最优，这样民用飞机费用—效能综合权衡优化模型就变成一个灰色期望值模型。在这种情况下，可以对原来的费用—效能综合权衡的基本模型式（4 − 5）进行改进，得到民用飞机费用—效能综合权衡的灰色期望值模型。在式（4 − 5）所描述的规划问题中，如果设计参数受风险影响所产生的偏差为 $\otimes_i$，$i = 1, \cdots, r$，费用估算关系的灰色不确定变量为 $\otimes$，则民用飞机费用—效能综合权衡优化的灰色期望值模型用公式表示为：

$$\min E\big[\varphi(p_1 + \otimes_1, p_2 + \otimes_2, \cdots, p_r + \otimes_r) + \otimes\big]$$

$$\text{s. t.} \begin{cases} E\big[F(p_1 + \otimes_1, p_2 + \otimes_2, \cdots, p_r + \otimes_r)\big] \geqslant E^*, \\ p_i^L \leqslant p_i \leqslant p_i^U, i = 1, \cdots, r_{\circ} \end{cases} \qquad (4 - 11)$$

式中，$E[\,\cdot\,]$ 表示期望值，其余各符号的意义与前文相同。

该模型所表示的意义为：在民用飞机效能的期望值满足约束时，使民用飞机寿命周期费用的期望值达到最小。

对于以上建立的基于灰色可能性测度规划理论的民用飞机费用—效能综合权衡优化模型的求解，可以采用混合智能算法。

4.4　民用飞机费用—效能综合权衡优化实例分析

某民用飞机的新型号系统中，机载电子设备系统和控制系统包含 8 个功能模块，对应 8 个技术参数，用 $\boldsymbol{p} = (p_1, p_2, p_3, p_4, p_5, p_6, p_7, p_8)$ 来表示，决策者希望在效能和技术参数指标满足既定约束的情况下，将寿命周期费用控制到最小。根据历史经验，系统的效能模型可以表示为：

$$\begin{cases} E = \dfrac{100}{E_1 + E_2}, \\ E_1 = \dfrac{1}{3}\left\{\dfrac{2\,460}{p_1} + 5p_2 p_4 + \left(2p_4 - \dfrac{3}{140}\right)\big[5(1 - p_2) + p_3 + 1\big]\right\}, \\ E_2 = \left[5p_2 p_8 \mathrm{e}^{\frac{-p_5}{4.481 p_6}} + 5\left(1 - \mathrm{e}^{\frac{-p_5}{4.481 p_6}}\right)p_2 p_7 + (1 - p_2)(p_3 + 1)p_7\right]_{\circ} \end{cases} \qquad (4 - 12)$$

显然效能模型是技术参数 $\boldsymbol{p} = (p_1, p_2, p_3, p_4, p_5, p_6, p_7, p_8)$ 的函数，可以简记为下面的式子：

$$E = F(p_1, p_2, p_3, p_4, p_5, p_6, p_7, p_8) \qquad (4 - 13)$$

民用飞机系统的费用参数估算可以通过历史数据分析得到表达式，如下（单位：百万美元）：

$$C = C_1 + C_2 + C_3 + C_4 + C_5 + C_6 + C_7 + C_8$$

$$C_1 = 4.534 \times 10^{-5} p_1^3 - 0.005\,386 p_1^2 + 0.215\,93 p_1 + 1.334\,2$$

$$C_2 = 283.464\,6p_2^2 - 507.637\,84p_2 + 227.459\,8$$

$$C_3 = -2.048\,4p_3^3 - 9.987\,3p_3^2 - 17.942p_3 + 20.322$$

$$C_4 = 0.115\,97p_4^2 - 2.175\,7p_4 + 15.204$$

$$C_5 = 2.061\,8 \times 10^{-4}p_5^2 - 0.037\,76p_5 + 1.777\,8 \tag{4-14}$$

$$C_6 = 1.504\,9 \times 10^{-7}p_6^3 - 1.578\,2 \times 10^{-4}p_6^2 + 0.055\,167p_6 - 1.813\,3$$

$$C_7 = -0.285\,04p_7^3 + 3.846\,2p_7^2 - 17.264p_7 + 33.334$$

$$C_8 = 0.210\,24p_8^2 - 4.109\,6p_8 + 25.397$$

式中，各费用单元 $C_1, C_2, C_3, C_4, C_5, C_6, C_7, C_8$ 通过最小二乘法拟合得到，费用的估算表达式可以用下面的式子表示：

$$C = \varphi(p_1, p_2, p_3, p_4, p_5, p_6, p_7, p_8) \tag{4-15}$$

根据系统开发的要求，系统的其他约束条件及各参数的取值范围如下：

$$\begin{cases} 0.9p_2\mathrm{e}^{\frac{-p_5}{4.481p_6}} \geqslant 0.846, \\ 10 \leqslant p_1 \leqslant 100, 0.9 \leqslant p_2 \leqslant 0.98, 0.25 \leqslant p_3 \leqslant 2, \\ 0 \leqslant p_4 \leqslant 9.17, 42 \leqslant p_5 \leqslant 90, 75 \leqslant p_6 \leqslant 700, \\ 1 \leqslant p_7 \leqslant 7, 3 \leqslant p_8 \leqslant 10_\circ \end{cases} \tag{4-16}$$

综合以上费用模型、效能模型和权衡模型，可以得到对民用飞机费用和效能综合权衡的基本模型如下：

$$\min C = \varphi(p_1, p_2, p_3, p_4, p_5, p_6, p_7, p_8)$$

$$\mathrm{s.\,t.} \begin{cases} E = F(p_1, p_2, p_3, p_4, p_5, p_6, p_7, p_8) \geqslant 4.5, \\ 0.9p_2\mathrm{e}^{\frac{-p_5}{4.481p_6}} \geqslant 0.846, \\ 10 \leqslant p_1 \leqslant 100, 0.9 \leqslant p_2 \leqslant 0.98, 0.25 \leqslant p_3 \leqslant 2, \\ 0 \leqslant p_4 \leqslant 9.17, 42 \leqslant p_5 \leqslant 90, 75 \leqslant p_6 \leqslant 700, \\ 1 \leqslant p_7 \leqslant 7, 3 \leqslant p_8 \leqslant 10_\circ \end{cases} \tag{4-17}$$

考虑到在开发过程中可能出现的各种不确定因素，8 个关键性能参数在研制、生产过程中会产生一定的偏差，把这种不确定性用灰色变量来表示，即

$$p_1' = p_1 + \otimes_1, p_2' = p_2 + \otimes_2, p_3' = p_3 + \otimes_3,$$

$$p_4' = p_4 + \otimes_4, p_5' = p_5 + \otimes_5, p_6' = p_6 + \otimes_6, \tag{4-18}$$

$$p_7' = p_7 + \otimes_7, p_8' = p_8 + \otimes_8_\circ$$

式中，$p_1', p_2', p_3', p_4', p_5', p_6', p_7', p_8'$ 表示预测的研制、生产完成后实际系统的性能参数；$\otimes_1, \otimes_2, \otimes_3, \otimes_4, \otimes_5, \otimes_6, \otimes_7, \otimes_8$ 表示实际决策变量与参数值之间的偏差，是灰色变量。可以根据技术水平和经验确定偏差灰色变量的白化权函数如下：

$$f_1(x) = \begin{cases} \dfrac{x}{10}, x \in [0, 10), \\ 1, x \in [10, 100), \\ \dfrac{110 - x}{10}, x \in [100, 110); \end{cases}$$

$$f_2(x) = \begin{cases} 10x - 8, x \in [0.8, 0.9), \\ 1, x \in [0.9, 1), \\ 6 - 5x, x \in [1, 1.2); \end{cases}$$

$$f_3(x) = \begin{cases} 6.67x - 0.667, x \in [0.1, 0.25), \\ 1, x \in [0.25, 2), \\ 3 - 3x, x \in [2, 3); \end{cases}$$

$$f_4(x) = \begin{cases} 10x, x \in [0, 0.1), \\ 1, x \in [0.1, 9), \\ 10x - 1, x \in [9, 10); \end{cases}$$

$$f_5(x) = \begin{cases} 0.1x - 3, x \in [30, 40), \\ 1, x \in [40, 90), \\ 10 - 0.1x, x \in [90, 100); \end{cases}$$

$$f_6(x) = \begin{cases} \dfrac{x - 10}{60}, x \in [10, 70), \\ 1, x \in [70, 700), \\ \dfrac{800 - x}{100}, x \in [700, 800); \end{cases}$$

$$f_7(x) = \begin{cases} x, x \in [0, 1), \\ 1, x \in [1, 7), \\ 8 - x, x \in [7, 8); \end{cases}$$

$$f_8(x) = \begin{cases} 0.5x - 0.5, x \in [1, 3), \\ 1, x \in [3, 10), \\ 6 - 0.5x, x \in [10, 12) \end{cases}$$

由此，可得改进后的系统效能模型：

$$E = \frac{100}{E_1 + E_2}$$

$$E_1 = \frac{1}{3}\left(\frac{2\,460}{p_1 + \otimes_1} + 5(p_2 + \otimes_2)(p_4 + \otimes_4) + \right.$$

$$\left. \left(2(p_4 + \otimes_4) - \frac{3}{140}\right)(5(1 - (p_2 + \otimes_2)) + (p_3 + \otimes_3) + 1)\right)$$

$$E_2 = \left\{ 5(p_2 + \otimes_2)(p_8 + \otimes_8)e^{\frac{-(p_5 + \otimes_5)}{4.481(p_6 + \otimes_6)}} + 5\left(1 - e^{\frac{-(p_5 + \otimes_5)}{4.481(p_6 + \otimes_6)}}\right)(p_2 + \otimes_2)(p_7 + \otimes_7) + \right.$$

$$\left. [1 - (p_2 + \otimes_2)][(p_3 + \otimes_3) + 1](p_7 + \otimes_7) \right\} \qquad (4-19)$$

可以用下面的式子表示：

$$E = F(p_1 + \otimes_1, p_2 + \otimes_2, p_3 + \otimes_3, p_4 + \otimes_4, p_5 + \otimes_5, p_6 + \otimes_6, p_7 + \otimes_7, p_8 + \otimes_8)$$

考虑到性能参数的不确定性对费用估算值的影响，可以在费用估计的过程中引入灰色不确定变量，根据式（4-18），各技术性能参数的偏差依然用灰色变量 $\otimes_1$, $\otimes_2$, $\otimes_3$, $\otimes_4$, $\otimes_5$, $\otimes_6$, $\otimes_7$, $\otimes_8$ 表示。在费用估算过程当中，各费用单元 C_1, C_2, C_3, C_4, C_5, C_6, C_7, C_8 也均存在一定的残差，可以将费用估算中的不确定性用灰色变量 $\otimes$ 来描述，即令费用预测值为 $C' =$

$C + \otimes$，根据专家经验，$\otimes$ 的白化权函数为：

$$f(x) = \begin{cases} 0.125x, x \in [0,8), \\ 1, x \in [8,16), \\ 5 - 0.25x, x \in [16,20)。 \end{cases}$$

系统的其他约束条件及各参数的取值范围仍然如式（4-16）所描述。根据以上的条件，当效能约束条件为 $E \geqslant 4.5$ 的置信水平 $\alpha = 0.9$，费用目标的置信水平 $\beta = 0.9$ 时，建立求解费用的 β 乐观值及其相应的技术参数指标（决策向量）$\boldsymbol{p} = (p_1, p_2, p_3, p_4, p_5, p_6, p_7, p_8)$ 的灰色可能性约束规划模型如下：

$\min C$

$$\text{s. t.} \begin{cases} \Pr\{F(p_1 + \otimes_1, p_2 + \otimes_2, p_3 + \otimes_3, p_4 + \otimes_4, p_5 + \otimes_5, p_6 + \otimes_6, p_7 + \otimes_7, p_8 + \otimes_8) \geqslant 4.5\} \geqslant 0.9, \\ \Pr\{\varphi(p_1 + \otimes_1, p_2 + \otimes_2, p_3 + \otimes_3, p_4 + \otimes_4, p_5 + \otimes_5, p_6 + \otimes_6, p_7 + \otimes_7, p_8 + \otimes_8) \leqslant C\} \geqslant 0.9, \\ 0.9p_2 e^{\frac{-p_5}{4.481p_6}} \geqslant 0.846, \\ 10 \leqslant p_1 \leqslant 100, 0.9 \leqslant p_2 \leqslant 0.98, 0.25 \leqslant p_3 \leqslant 2, \\ 0 \leqslant p_4 \leqslant 9.17, 42 \leqslant p_5 \leqslant 90, 75 \leqslant p_6 \leqslant 700, \\ 1 \leqslant p_7 \leqslant 7, 3 \leqslant p_8 \leqslant 10。 \end{cases}$$

$$(4-20)$$

在建立的极大化费用、效能可能性测度函数的灰色相关规划模型中，需要对费用和效能都有一个目标限制值，假设效能的目标值为 E^*，费用目标值为 C，则极大化费用、效能可能性测度函数的灰色相关规划模型如下：

$$\max \left\{ \begin{aligned} &\Pr\{F(p_1 + \otimes_1, p_2 + \otimes_2, p_3 + \otimes_3, p_4 + \otimes_4, p_5 + \otimes_5, p_6 + \otimes_6, p_7 + \otimes_7, p_8 + \otimes_8) \geqslant E^*\}, \\ &\Pr\{\varphi(p_1 + \otimes_1, p_2 + \otimes_2, p_3 + \otimes_3, p_4 + \otimes_4, p_5 + \otimes_5, p_6 + \otimes_6, p_7 + \otimes_7, p_8 + \otimes_8) \leqslant C\}。 \end{aligned} \right\}$$

$$\text{s. t.} \begin{cases} 0.9p_2 e^{\frac{-p_5}{4.481p_6}} \geqslant 0.846, \\ 10 \leqslant p_1 \leqslant 100, 0.9 \leqslant p_2 \leqslant 0.98, 0.25 \leqslant p_3 \leqslant 2, \\ 0 \leqslant p_4 \leqslant 9.17, 42 \leqslant p_5 \leqslant 90, 75 \leqslant p_6 \leqslant 700, \\ 1 \leqslant p_7 \leqslant 7, 3 \leqslant p_8 \leqslant 10。 \end{cases}$$

$$(4-21)$$

在效能的期望值满足约束条件时，使费用的期望值达到最小的灰色期望值模型如下：

$\min E[\varphi(p_1 + \otimes_1, p_2 + \otimes_2, p_3 + \otimes_3, p_4 + \otimes_4, p_5 + \otimes_5, p_6 + \otimes_6, p_7 + \otimes_7, p_8 + \otimes_8)]$

$$\text{s. t.} \begin{cases} E[F(p_1 + \otimes_1, p_2 + \otimes_2, p_3 + \otimes_3, p_4 + \otimes_4, p_5 + \otimes_5, p_6 + \otimes_6, p_7 + \otimes_7, p_8 + \otimes_8)] \geqslant 4.5, \\ 0.9p_2 e^{\frac{-p_5}{4.481p_6}} \geqslant 0.846, \\ 10 \leqslant p_1 \leqslant 100, 0.9 \leqslant p_2 \leqslant 0.98, \\ 0.25 \leqslant p_3 \leqslant 2, 0 \leqslant p_4 \leqslant 9.17, \\ 42 \leqslant p_5 \leqslant 90, 75 \leqslant p_6 \leqslant 700, \\ 1 \leqslant p_7 \leqslant 7, 3 \leqslant p_8 \leqslant 10。 \end{cases}$$

$$(4-22)$$

由于灰色可能性相关规划模型求解出的是决策向量和目标函数的可能性值，对效能值和费用值已经有具体点数字约束，因此下面只对上述费用与效能权衡的基本模型即式（4 - 17）、灰色可能性约束规划模型即式（4 - 20）和灰色期望值模型即式（4 - 22）进行求解。分别采用混合智能算法对以上模型进行求解，其中基本模型的最优决策向量 p =（73.203 8, 0.961 5, 0.241 8, 3.025 6, 58.103 5, 365.168, 2.573 1, 5.000 8），与之对应的决策目标为费用的最小值 $\min C$ = 5 367；灰色可能性约束规划模型的最优决策向量 p =（86.102 5, 0.912 3, 1.381 5, 5.243 1, 67.381 2, 401.037, 3.605 1, 7.325 1），与之对应的决策目标为费用的最小值 $\min C$ = 6 015；灰色期望值模型的最优决策向量 p =（67.302 8, 0.920 5, 1.042 6, 4.872 5, 70.100 3, 386.102, 3.587 3, 6.034 2），与之对应的决策目标为费用的最小值 $\min C$ = 5 891。

将以上的基本模型、灰色可能性约束规划模型和灰色期望值模型的求解结果进行汇总，如表 4.1 所示。

表 4.1　三种不同的权衡模型求解结果比较

项目	基本模型	灰色可能性约束规划模型	灰色期望值模型
p_1	73.203 8	86.102 5	67.302 8
p_2	0.961 5	0.912 3	0.920 5
p_3	0.241 8	1.381 5	1.042 6
p_4	3.025 6	5.243 1	4.872 5
p_5	58.103 5	67.381 2	70.100 3
p_6	365.168	401.037	386.102
p_7	2.573 1	3.605 1	3.587 3
p_8	5.000 8	7.325 1	6.034 2
费用目标值	5 367	6 015	5 891

从表 4.1 中的数据结果可以看出，基本模型、灰色可能性约束规划模型和灰色期望值模型的最优决策向量、决策目标值的结果均存在着差异。这表明灰色可能性约束规划模型和灰色期望值模型各自的应用价值是不同的，因此基于 GPMP 的费用—效能综合权衡优化模型也不能完全被基本模型所替代。在基于 GPMP 的民用飞机费用—效能综合权衡优化模型中，因为考虑了不确定因素，性能参数、费用和效能成为具有灰色约束的函数，而最终的费用目标值也成了一个灰色变量，因此基于灰色可能性测度规划的民用飞机费用—效能综合权衡优化模型中求出的结果是最可能出现的。灰色可能性测度规划模型是在灰色环境中，在一定的灰色可能性下，确保目标函数在目标值的附近取值。因此从管理和决策方面来看，其结果的实现是更有把握的，也是更合理的，也相应地具有更强的抵抗风险的能力，因此在决策中更具有实用意义。

在实际的民用飞机费用和效能的综合权衡优化过程中，应当慎重选择使用不同的灰色可能性测度规划模型，当决策者期望获取较大的收益，能够积极应对风险时，可以考虑使用灰色期望值模型。当决策者希望尽量规避风险，偏于保守时，可以考虑使用灰色可能性约束规划模型。

4.5 本章小结

在本章中，首先对费用—效能综合权衡的优化模型进行了阐述，分析了民用飞机费用和效能权衡优化的目标，然后考虑权衡过程中的不确定因素的影响，对不确定性问题进行了描述和讨论。应用灰色可能性测度规划的有关原理，在民用飞机全寿命周期考虑研制、生产过程中的不确定问题，将 GPMP 模型理论引入民用飞机的费用—效能综合权衡，分别建立了基于灰色可能性测度规划理论的基本模型、灰色可能性约束规划模型和灰色期望值模型。最后通过实例对几种不同的权衡模型进行验证，在满足民用飞机系统效能的前提下，分别得到最优的费用值。

第五章　基于灰色参数的民用飞机全寿命周期费用分布优化模型

在对民用飞机全寿命周期费用进行管理时，可以用费用的形式表现活动中的人力和财力，这时候费用的集结和逐步撤出是有一定模式的，这些模式由民用飞机全生命周期中的一些相互衔接的活动构成，如果一切活动按计划进行，没有大的突发性变化，那么在民用飞机全寿命周期过程当中，费用在时间上的分布特征表现为需求数开始和结束少、中间多的规律，具有这种特点的费用随时间分布的内在规律可以用威布尔分布描述。本章将借助威布尔分布模型研究民用飞机全寿命周期费用的年度分配情况，然后考虑不确定因素影响，在民用飞机全寿命周期费用分布模型中引入灰色参数，建立含有灰色参数的民用飞机全寿命周期费用分布优化模型，为民用飞机全寿命周期费用的年度投资决策提供科学的依据。

5.1　威布尔时间—费用模型

威布尔分布函数是探索项目全寿命周期过程中逐年度所需费用规律的时间—费用模型。当项目全寿命周期过程中每个子阶段具有开始与结束的两头费用需求较少、中间费用需求较多的特点时，适合采用威布尔分布描述。

5.1.1　威布尔分布

威布尔分布的密度函数的一般形式为：

$$f(t) = ma(t-r)^{m-1} e^{-a(t-r)^m}, t > 0 \qquad (5-1)$$

威布尔分布的密度函数由三个参数 m、a、r 唯一确定。这里 $m > 0$，m 值的大小决定了威布尔分布曲线的峰值位置，因此称为形状参数；$a > 0$ 表示曲线上升的陡度，a 值越大曲线越陡，a 值越小曲线越缓，因此称为急迫性参数；r 表示活动的起始时间，称为位置参数。

一般假设起始点为 0，当 $r = 0$ 时，有

$$f(t) = mat^{m-1} e^{-at^m} \qquad (5-2)$$

图 5.1 和图 5.2 分别给出了 m 和 r 值固定、a 变化以及 a 和 r 值固定、m 变化时的几种情况下，威布尔分布密度函数的图像。

由图 5.1 和图 5.2 可以观察到，当 $m \geq 1$ 时，威布尔分布密度函数的图像存在唯一的峰值点 t^*，使 $f(t^*)$ 达到最大值。

对式（5-2）中函数求导，令 $df(t)/dt = 0$，可得峰值时刻

$$t^* = [(m-1)/ma]^{1/m} \qquad (5-3)$$

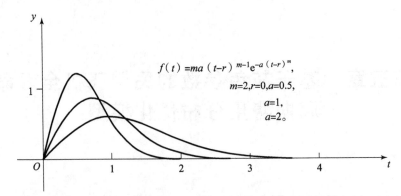

图 5.1 m 和 r 值固定，不同 a 值对应的威布尔分布密度

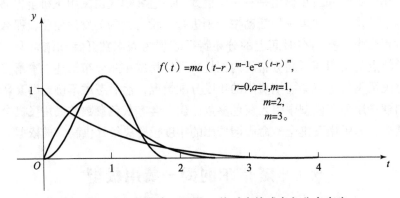

图 5.2 a 和 r 值固定，不同 m 值对应的威布尔分布密度

相应地，可得最大值

$$f(t^*) = ma(t^*)^{m-1}e^{-a(t^*)^m} \tag{5-4}$$

当 $t < t^*$ 时，$f(t)$ 单调增加；当 $t \geq t^*$ 时，$f(t)$ 单调减少。令 $t_m = t^*$ 为峰值时间。

威布尔分布的累积分布函数曲线呈 S 型曲线形状，其分布函数如下：

$$F(t) = \int_0^t f(t)\mathrm{d}t = \int_0^t mat^{m-1}e^{-at^m}\mathrm{d}t = 1 - e^{-at^m} \tag{5-5}$$

5.1.2 威布尔时间—费用模型的建立

尽管受到众多复杂因素的影响，但民用飞机的寿命周期费用总体上仍然应该服从于某一种分布。假设民用飞机在全寿命周期过程的某一阶段所需要的全部费用为 K，则可以用某时刻的累加概率与 K 的乘积表示在这一阶段的每一时刻所需的费用。因此，费用模型的基本形式可以表示为如下形式：

$$C(t) = K \cdot f(t) \tag{5-6}$$

式中，$C(t)$ 表示 t 时刻发生的费用；$f(t)$ 表示某种概率分布的密度函数。

但是在实际问题中，费用一般并不是按照理想的情况连续发生的，因此，我们用累积分布函数分析在一定的时间段内发生的费用。假设 $F(t)$ 为某概率分布函数，即 t 时刻的累加概率，则有

$$\int_0^t C(t)\mathrm{d}t = K\int_0^t f(t)\mathrm{d}t = KF(t) \tag{5-7}$$

一般来说，在寿命周期的初期，工作尚待开展，所需要的费用比较少，随着活动的进一步开展，劳动消耗与物化消耗逐渐增大，费用的需求也逐渐增大，到寿命周期末期的时候，费用又逐渐减少，费用值随着时间的变化具有单一的峰值。为了能够比较贴切地描述费用的这种单峰变化，考虑使用人力利用曲线。人力利用曲线用下式描述计划中的每一个周期对人力的需求：

$$y(t) = 2Kate^{-at^2} \qquad (5-8)$$

式中，a 表示周期参数；K 对应周期的总人力；y 表示每月的人力数。

人力利用曲线可以用来估算一项活动所需的工作量（人力）。人力利用曲线表明，复杂工程项目所需人力的集结和逐步撤出是有规律的，具有两头少、中间多的特点。

因为在大型的复杂工程项目中，"人力"和"费用"都要耗费用的"资源"，两者变化的规律非常相似。从模型结构上，我们对民用飞机寿命周期费用模型的假设与人力利用曲线模型的构成形式是一致的。因此，我们采用人力模型来描述民用飞机寿命周期费用的规律性。即

$$C(t) = K \cdot 2ate^{-at^2} \ (t \geq 0) \qquad (5-9)$$

这里 $f(t) = 2ate^{-at^2}$ 是威布尔分布 $f(t) = mat^{m-1}e^{-at^m}$ 的特殊情况，也就是 $m = 2$ 时的威布尔分布，从更普遍意义上来讲，我们应该采用威布尔分布的一般形式来描述民用飞机的寿命周期费用。

因此，假设在民用飞机的全寿命周期费用中每个阶段中费用模型的形式为：

$$C(t) = Kma(t-r)^{m-1}e^{-a(t-r)^m} \qquad (5-10)$$

式中，m、a 都表示待定的正参数；r 表示某一阶段的起始年份；K 表示该阶段的总费用。m 的大小决定曲线上升的速度，m 越小曲线越平缓，m 越大曲线越陡。a 表示工程的"紧迫速度"或"进展速度"，a 越小周期越大、工期越长，a 越大周期越小、工期越短，说明投资的迫切性。

当起始点 $r = 0$ 时，可得威布尔时间—费用模型的一般形式

$$C(t) = Kmat^{m-1}e^{-at^m} \qquad (5-11)$$

如果记 $L(t) = K \cdot F(t) = K \cdot \int_0^t f(t)\mathrm{d}t = K(1 - e^{-at^m})$，则有 $(K-L)/K = e^{-at^m}$。

于是威布尔时间—费用模型变为：

$$C(t) = mat^{m-1}(K-L) \qquad (5-12)$$

式中，$C(t)$ 表示 t 时间点所需的费用；$L(t)$ 表示在 t 时间点累积发生的费用；K 表示该阶段的总费用。

如果第 t 年度所需的费用为 $L(t, t-1)$，那么有

$$L(t, t-1) = L(t) - L(t-1) = K \cdot (e^{-a(t-1)^m} - e^{-at^m}) \qquad (5-13)$$

5.1.3 威布尔时间—费用模型的参数估计

威布尔时间—费用模型比较科学地描述了民用飞机全生命周期费用随时间分布的内在规律，其中如何正确地估算模型的参数是应用该模型的关键。如果估计的参数不是最优的，就会影响分析的科学性和预测的准确性。但是在实际应用中，由于模型本身的复杂性，往往采用先线性化的方法估计模型中的参数，或者利用模型本身的性质用经验加以估计的方法。目

前估计模型参数的主要方法有经验估算法、线性回归分析法和高斯—牛顿迭代法。

1. 经验估算法

经验估算法是有关专家利用威布尔模型本身的性质，通过估计给出最高投资强度时点 t_m，进一步计算出 m、a 的值。在这种方法中如何正确地选取峰值位置非常关键，峰值位置偏后，将产生投资风险；峰值位置偏前，将产生资金损失风险。

由式（5-3）可得

$$a = (m-1)/(mt^{*m}) \tag{5-14}$$

显然 $\lim\limits_{t\to\infty} F(t) = 1$，令 t_s 为终结时间，则可使模型满足：

$$F(t_s) = \int_0^{t_s} mat^{m-1}\mathrm{e}^{-at^m}\mathrm{d}t = 1 - \mathrm{e}^{-at_s^m} = 0.995 \tag{5-15}$$

t_s 可以由任务计算给出，一般为基本结束时点。实际周期的终点要比 t_s 略大一些，因为为了使模型精度满足要求，需要考虑活动结束后，还会有一定的"收尾"工作。可以通过迭代将式（5-14）代入式（5-15）求出 m 值，最后再根据式（5-14）求出 a 值。

2. 线性回归分析法

线性回归分析法需要先线性化式（5-11），然后利用最小二乘法求出 m、a。对式（5-11）两边取对数，得

$$\ln C(t) = \ln(Kma) + (m-1)\ln t - at^m \tag{5-16}$$

令 $Y = \ln C(t) - (m-1)\ln t$，$A = \ln(Kma)$，$B = -a$，$X = t^m$，则式（5-16）化为：$Y = A + BX$。

根据样本数据，不断地进行回归，逐一给出 m 的值，直至使样本残差的平方和足够小，获得满意的 m、a。

经验估算法和线性回归分析法是威布尔模型中最常用估计参数的两种方法。由于经验估算法中没有充分利用历史资料的信息，m、a 的估计值由 t_m 及 t_s 决定，而 t_m 及 t_s 的值是根据专家经验给出的，与实际的 t_m 值和 t_s 值一定会有偏差，从而估计的 m、a 就不是最优的。线性回归分析法两边作了取对数的变换，造成回归模型与原数列之间会有较大的偏差，变换后的最小二乘估计失去了原模型的残差平方和为最小的意义，从而估计不到最优回归系数。

3. 高斯—牛顿迭代法

高斯—牛顿迭代法的基本步骤如下：

（1）选定初始值，即迭代的起点。

（2）进行泰勒级数展开。设非线性回归模型为

$$Y_i = f(x_i, \boldsymbol{r}) + \varepsilon_i, i = 1, 2, \cdots, n \tag{5-17}$$

式中，$\boldsymbol{r}$ 为待估回归系数，误差项 $\varepsilon_i \sim N(0, \delta^2)$。

设 $\boldsymbol{g}^{(0)} = (g_0^{(0)}, g_1^{(0)}, \cdots, g_{p-1}^{(0)})$ 是待估回归系数 $\boldsymbol{r} = (r_0, r_1, \cdots, r_{p-1})$ 的初始值，在 $\boldsymbol{g}^{(0)}$ 点附近对 $f(x_i, \boldsymbol{r})$ 作泰勒级数展开，略去二阶以及二阶以上的偏导数项，可以得到

$$f(x_i, \boldsymbol{r}) \approx f(x_i, \boldsymbol{g}^{(0)}) + \sum_{k=0}^{p-1} \left[\partial f(x_i, \boldsymbol{r})/\partial r_k \right]_{\boldsymbol{r}=\boldsymbol{g}^{(0)}} (r_k - g_k^{(0)}) \tag{5-18}$$

将式（5-18）代入式（5-17）可得

$$Y_i f(x_i, \boldsymbol{r}) \approx f(x_i, \boldsymbol{g}^{(0)}) + \sum_{k=0}^{p-1} \left[\partial f(x_i, \boldsymbol{r}) / \partial r_k \right]_{\boldsymbol{r} = \boldsymbol{g}^{(0)}} (r_k - g_k^{(0)}) + \varepsilon_i$$

令 $Y_i^{(0)} = Y_i - f(x_i, \boldsymbol{g}^{(0)})$，$D_{ik}^{(0)} = \left[\partial f(x_i, r) / \partial r_k \right]_{r = \boldsymbol{g}^{(0)}}$，$\beta_k^{(0)} = r_k - g_k^{(0)}$，

$$Y_i^{(0)} = \sum_{k=0}^{p-1} D_{ik}^{(0)} \beta_k^{(0)} + \varepsilon_i$$

上式可以用矩阵表示为

$$Y^{(0)} \approx D^{(0)} \boldsymbol{\beta}^{(0)} + \boldsymbol{\varepsilon} \tag{5-19}$$

其中

$$Y_{n \times 1}^{(0)} = \begin{bmatrix} Y_1 - f(x_1, \boldsymbol{g}^{(0)}) \\ Y_2 - f(x_2, \boldsymbol{g}^{(0)}) \\ \vdots \\ Y_n - f(x_n, \boldsymbol{g}^{(0)}) \end{bmatrix}, \quad D_{n \times p}^{(0)} = \begin{bmatrix} D_{10}^{(0)} & \cdots & D_{1p-1}^{(0)} \\ D_{20}^{(0)} & \cdots & D_{2p-1}^{(0)} \\ \vdots & & \vdots \\ D_{n0}^{(0)} & \cdots & D_{np-1}^{(0)} \end{bmatrix}, \quad \boldsymbol{\beta}_{p \times 1}^{(0)} = \begin{bmatrix} \beta_0^{(0)} \\ \beta_1^{(0)} \\ \vdots \\ \beta_{p-1}^{(0)} \end{bmatrix}$$

（3）估计修正因子。以上矩阵表示的方程是一个超定线性方程组，因为样本的个数一般会超过待估系数的个数，所以我们可以使用最小二乘法求出修正因子 $\boldsymbol{\beta}^{(0)}$，则

$$\boldsymbol{\beta}^{(0)} = (D^{(0)\mathrm{T}} D^{(0)})^{-1} D^{(0)\mathrm{T}} Y^{(0)}$$

设 $\boldsymbol{g}^{(1)}$ 为第一次迭代值，则

$$\boldsymbol{g}^{(1)} = \boldsymbol{g}^{(0)} + \boldsymbol{\beta}^{(0)}$$

（4）精度的检验。设残差平方和为

$$\mathrm{SSR}^{(1)} = \sum_{i=1}^{n} \left[Y_i - f(x_i, \boldsymbol{g}^{(1)}) \right]^2$$

对于给定的允许误差 ε，当 $\left| \mathrm{SSR}^{(i)} - \mathrm{SSR}^{(i-1)} \right| < \varepsilon$ 时停止迭代；否则，继续迭代下去，直至满足精度要求。

5.1.4　威布尔时间—费用模型的不同形式

在应用威布尔时间—费用模型的时候，按照进度可分为三种情况：一是在计划开始前的投资概算或者预算，这种情况下是将费用概算比较科学地分摊到各个年度。二是在计划进行当中，对后继阶段需要的费用进行预测，同时对费用概算进行再评估。三是在计划结束之后，对费用概算进行事后再评估，拟合已经发生的费用。

针对不同系统的寿命周期的发展规律，威布尔时间—费用模型可分为单峰值和多峰值两种形式。

在单峰值的威布尔时间—费用模型中，费用随着时间的进展具有单一的投资峰值。一般情况下，成功的工程项目周期呈"圆锤形高丘"形状，表现出相当高的"迫切性"，它们达到峰值的时间一般都很早。只有在工程项目时间紧迫，工程班子和工程管理人员经验丰富，并且手头有必要的资源时才会有这种形状。单峰值的威布尔时间—费用模型的一般形式如式（5-11）所示。

一般情况下，复杂的大型系统都可以分解为若干个分系统，由于各分系统的活动进度不同，费用发生的起始时间和结束时间也不同，因此各分系统寿命周期内费用的单峰值威布尔分布模型的投资峰值的位置也不同，各个分系统的威布尔分布模型进行叠加形成整个大系统

的寿命周期费用的分布，叠加后的整个系统的费用随时间的进展就会出现多个投资峰值。也就是说，整个系统的多峰值威布尔时间—费用模型是由多个分系统的单峰值威布尔时间—费用模型叠加而成的，即

$$C_i(t,r_i) = K_i m_i a_i (t-r_i)^{m_i-1} e^{-a_i(t-r_i)^{m_i}} \qquad (5-20)$$

$$C(t) = \sum_{i=1}^{n} C_i(t,r_i) \quad, i=1,2,\cdots,n \qquad (5-21)$$

各个分系统的寿命周期费用的威布尔分布叠加以后形成多峰值威布尔分布模型，由于参数太多，在拟合过程中，数学处理比较复杂，因此可以采用分段建模法建立多峰值模型。根据进度计划将整个过程人为地分为若干个阶段，各阶段的拟合结果都为单峰值的威布尔模型，确定各阶段的起始点、结束点和峰值点，最终模型等于各阶段模型相应时间内的叠加。

5.2 基于威布尔时间—费用模型的民用飞机全寿命周期费用分布

民用飞机的全寿命周期费用的管理是一项非常重要又十分困难的工作。寿命周期费用管理不仅需要在民用飞机寿命周期的早期阶段预测出整个寿命周期过程的总费用，更需要在寿命周期的初期估算出逐年度所需要的费用，以便确定合理的预算方案和制订长期的计划。这一切都依赖于寿命周期费用分布模型的建立。本节以民用飞机全寿命周期中的研制阶段的费用为例讨论其费用的投资强度分布，其他各阶段的费用可以类似进行研究。

5.2.1 基于单峰值威布尔时间—费用模型的民用飞机研制费用分布

民用飞机的全寿命周期过程中很多阶段的费用与时间的关系具有两头少、中间多的特点，费用值随着时间的进展具有单一的峰值。因此，在投资状态较为理想的条件下，可以用威布尔时间—费用模型描述民用飞机全寿命周期各阶段费用投资的时序规律。

在使用单峰值威布尔时间—费用模型 $C(t) = Kmat^{m-1} e^{-at^m}$ 对民用飞机研制费用进行研究的时候，一般假定经验概率为 0.995，并且研制部门提供初样阶段以前的研制经费 K，可以根据研制周期 t_s 和峰值年 t_m 计算出参数 m、a 的值。

假设某民用飞机型号第 n 年以前发生的实际研制经费总值为 K，研制周期为 t_s 年，根据试算结果满足使用部门适用程度决定峰值年为 t_m 年，在威布尔时间—费用模型 $C(t) = Kmat^{m-1} \cdot e^{-at^m}$ 中，取 $dC(t)/dt = 0$，可得最大峰值年

$$t_m = [m-1/(ma)]^{1/m} \qquad (5-22)$$

由威布尔分布可得

$$a = (m-1/m)(1/t_m)^m \qquad (5-23)$$

当 $t \to \infty$ 时，$\int_0^t mat^{m-1} e^{-at^m} dt = 1$。因为按照计划或者合同，每个型号的研制都要在有限年内完成；在研制基本结束时，也都还有收尾工作要做，所以在研制周期结束的那年费用开支也不是零。对于结束时间 t_s 可以做以下规定：

$$\int_0^{t_s} mat^{m-1} e^{-at^m} dt = 1 - e^{-at^m} = 0.995 \qquad (5-24)$$

式（5-24）是说在 t_s 以后，再发生费用的概率为 $1 - 0.995 = 0.005$，这是个很小的

概率。

将式（5-23）代入式（5-24）得到

$$1 - e^{-(m-1/m)(t_s/t_m)^m} = 0.995 \qquad (5-25)$$

具体采用以下步骤进行预测：

（1）用初样阶段以前逐年发生的研制经费数据，拟合出单峰值威布尔分布的时间—费用模型 $C(t) = Kmat^{m-1}e^{-at^m}$；

（2）根据前面提供的有关数据和参数 m、a 值，可计算从方案到定型阶段逐年投资强度比例值；

（3）根据前 n 年投资强度比例之和和以前实际研制经费累计值，计算研制总经费预测值。

实例　假设某民用飞机型号第 11 年以前发生的实际研制经费总值为 60.48 百万元，研制周期为 20 年，根据试算结果决定峰值年 t_m 为 13 年，型号初样以前实际发生的研制经费数据由研制部门提供，如表 5.1 所示。

首先，用逐年发生的研制经费可以拟合得到威布尔时间—费用模型如下：

$$C = 2.805\ 224t^{3.58r}e^{-0.000\ 097\ 6t^{4.586}}, \quad r = -0.937\ 7 \qquad (5-26)$$

用式（5-26）可以计算出逐年的理论值，结果如表 5.1 所示。表 5.1 中计算累计值和实际累计值的误差约为 0.16%，$r = -0.937\ 7$，说明模型是有效可行的。

表5.1　经费数据

年序	1	2	3	4	5	6	7	8	9	10	11	合计
实际值	0.000 5	0.728	3.986	4.952	7.132	10.301	12.21	11.452	9.724	2.339	0.448	62.757
计算值	0.002 8	0.335	1.419	3.819	7.689	12.05	14.454	12.577	7.300	2.528	0.455	62.656

对于使用部门提供的 t_m，可以理解为不定值。因为研制经费是按年度进行管理的，t_m 只是给出了年度，无法确定峰值点发生的月份。下面给出了几种大致的 t_m 取不同值时参数 m、a 的值，如表 5.2 所示。

表5.2　对应不同 t_m 的参数 m、a 的值

t_m	a	m
12.5	3.15×10^{-6}	5.252
12.6	2.69×10^{-6}	5.345
12.7	1.6×10^{-6}	5.546
12.8	1.18×10^{-6}	5.654
12.9	8.57×10^{-6}	5.768

然后利用表 5.2 中的 m、a 的值和式（5-21）计算从方案到定型阶段逐年投资强度比例值。详细结果如表 5.3 所示。

最后可以根据前 11 年投资强度比例累计值和初样阶段以前实际研制经费累计值计算研制总经费预测值，结果如表 5.4 所示。

表 5.3 投资强度比例值

年序	t_m				
	12.5	12.6	12.7	12.8	12.9
1	1.842×10^{-5}	1.438×10^{-5}	8.885×10^{-6}	6.681×10^{-6}	4.948×10^{-6}
2	3.509×10^{-4}	2.922×10^{-4}	2.075×10^{-4}	1.682×10^{-4}	1.348×10^{-4}
3	1.966×10^{-3}	1.6969×10^{-3}	1.310×10^{-3}	1.109×10^{-3}	9.315×10^{-4}
4	6.654×10^{-3}	5.912×10^{-3}	4.831×10^{-3}	4.221×10^{-3}	3.664×10^{-3}
5	1.699×10^{-2}	1.543×10^{-2}	0.0132 114	1.183×10^{-2}	1.055×10^{-2}
6	0.035 925 4	3.326×10^{-2}	2.963×10^{-2}	0.027 132 1	2.473×10^{-2}
7	6.559×10^{-2}	6.183×10^{-2}	0.057 101 3	5.335×10^{-2}	4.966×10^{-2}
8	0.104 943	0.100 741 4	9.619×10^{-2}	9.168×10^{-2}	8.712×10^{-2}
9	0.146 646	0.143 444 8	0.141 347 6	0.137 523 5	0.133 462 4
10	0.175 866	0.175 455 5	0.177 582 0	0.116 804 9	0.175 419 4
11	0.175 548 0	0.178 748 5	0.185 289 4	0.188 333 5	0.191 162 4
12	0.139 643 2	0.145 082 4	0.152 142 8	0.158 041 8	0.164 026 7
13	8.363×10^{-2}	8.847×10^{-2}	9.219×10^{-2}	9.757×10^{-2}	0.103 251 3
14	3.512×10^{-2}	3.765×10^{-2}	0.037 853 1	4.058×10^{-2}	4.348×10^{-2}
15	9.491×10^{-3}	1.022×10^{-2}	9.942×10^{-3}	1.108×10^{-2}	0.010 911 1
16					
17					
18					
19					
20					

表 5.4 总经费预测值

t_m	12.5	12.6	12.7	12.8	12.9
前 11 年投资比例和	0.379 086	0.562 635	0.343 846		
前 11 年研制经费累计值	60.48	60.48	60.48		
总经费预测值	159.54	166.78	175.89		

当民用飞机的投资规模和研制进度确定后，可以用威布尔时间—费用模型计算研制周期内按年度分布的投资强度。在实际过程当中，按照民用飞机的研制阶段计算逐年投资强度，并依据实际发生值逐年进行修正。在满足使用部门提出的条件下，计算出某民用飞机研制经费为 166.49 百万元，研制周期内各年的投资强度如表 5.5 所示。

表5.5　研制经费投资强度

年序	投资强度比例	实际值	投资强度计算值
1	0.000 014	0.004 8	0.002 4
2	0.000 29	0.072 8	0.049
3	0.001 7	3.986	0.283
4	0.005 9	4.952	0.986
5	0.015 4	7.132	2.57
6	0.033 3	10.30	5.55
7	0.061 8	12.219	10.31
8	0.100 7	11.452	16.80
9	0.143 4	9.724	23.92
小计	0.362 64	60.48	60.47
	0.175 5		29.26
	0.178 8		29.81
	0.145 1		24.2
13	0.088 5		14.76
14	0.037 7		6.28
15	0.0102		1.71
合计		166.49	

5.2.2　基于多峰值威布尔时间—费用模型的民用飞机研制费用分布

民用飞机由多个分系统组成，各分系统的研制费用分别服从不同的单峰值威布尔分布，各个分系统叠加之后形成的总的研制费用的分布是一个多峰值的威布尔分布。因为各分系统费用发生的起始和结束时间不同，研制进度也不相同，所以各分系统研制费用的单峰值威布尔分布出现峰值的时间各不相同。整个民用飞机的研制费用的分布就会出现多个峰值。多峰值威布尔分布可以看成由多个单峰值威布尔分布叠加而成，于是有

$$C(t) = \sum_{i=1}^{n} C_i(t, r_i) = \sum_{i=1}^{n} K_i m_i a_i (t - r_i)^{m_i-1} e^{-a_i(t-r_i)^{m_i}} \qquad (5-27)$$

式中，$C(t)$ 表示民用飞机总研制费用分布函数；$C_i(t, r_i)$ 表示分系统研制费用分布函数；n 表示分系统数。我们把多峰值威布尔分布的参数估算分成两种情况进行处理。如果分系统的研制费用和分系统的划分都很清晰，就先对各分系统作单峰值威布尔分布的参数估计，然后采用分系统叠加法对它们进行叠加，最后得到民用飞机研制费用分布模型。当分系统也是多峰值威布尔分布时，可以对分系统的子系统再进行单峰值威布尔分布参数估计。如果分系统的研制费用或分系统的划分不清晰，这个时候分系统的费用难以互相剥离或费用数据不足，则可以根据研制计划，将整个研制过程人为地分为若干阶段，确定各阶段的起始点、结束点和峰值点，这样拟合出各阶段的单峰值威布尔分布模型，将各阶段的模型在相应的时间内进行叠加得到最终的模型。

实例 假设某民用飞机系统由功能和结构相对独立的 4 个分系统组成，这四个分系统分别记为 A、B、C、D。可用单峰值威布尔分布来描述各分系统的研制费用。专家给出的研制进度和费用数据如表 5.6 所示，下面利用多峰值威布尔分布模型对该民用飞机系统研制过程的时间—费用分布作出估计。

对

$$C(t) = Kmat^{m-1}\mathrm{e}^{-at^m}, m \geqslant 1 \tag{5-28}$$

表 5.6 研制进度和费用数据 单位：十万元

分系统	A	B	C	D	总计
研制费用	2 900	3 200	1 400	1 800	9 300
开始时间/年	0	0	2	4	0
结束时间/年	6	7	8	10	10
峰值时间/年	3	4	6	9	

由分布存在唯一的峰值点 t_m 使 $f(t_m)$ 达到最大值，可令 $f'(t_m) = 0$，得

$$t_m = \left(\frac{m-1}{am}\right)^{\frac{1}{m}} \tag{5-29}$$

在建立系统研制的时间—费用过程中，令 t_s 为结束时间，根据相关文献结论，当 $F(t_s) = 0.995K$ 时，即认为研制过程结束。对式（5-28）积分，得

$$t_s = \left[\frac{-\ln(1-0.995)}{a}\right]^{1/m} = \left(\frac{5.3}{a}\right)^{\frac{1}{m}} \tag{5-30}$$

利用式（5-29）和式（5-30）即可确定各分系统的待估参数 m_j、a_j，得

$$m_1 = 2.551, \ a_1 = 0.037\ 1, \ r_1 = 0, \ K_1 = 2\ 900$$
$$m_2 = 2.978, \ a_2 = 0.010\ 8, \ r_2 = 0, \ K_2 = 3\ 200$$
$$m_3 = 3.581, \ a_3 = 0.004\ 99, \ r_3 = 2, \ K_3 = 1\ 400$$
$$m_4 = 5.563, \ a_4 = 0.000\ 105, \ r_4 = 4, \ K_4 = 1\ 800$$

将各分系统的单峰值威布尔分布模型叠加一起，得到该民用飞机总研制费用的分布模型如下：

$$C(t) = 274.462t^{1.551}\mathrm{e}^{-0.037\ 1t^{2.551}} + 103.23t^{1.978}\mathrm{e}^{-0.010\ 8t^{2.978}} +$$
$$25.017(t-2)2.581\mathrm{e}^{-0.004\ 99(t-2)^{3.581}} +$$
$$1.051\ 4(t-4)4.563\mathrm{e}^{-0.000\ 105(t-4)^{5.563}} \tag{5-31}$$

各分系统叠加后的总研制费用分布结果如图 5.3 所示。

在上面的实例中，四个单峰值威布尔分布利用分系统叠加法叠加成一个多峰值的威布尔分布，但是反过来一个多峰值的威布尔分布，在没有具体约束的条件下，可以有无穷多的分解形式。因此上例中的多峰值威布尔分布未必一定能分解成上述的四个单峰值威布尔分布。一般在对多峰值的威布尔分布分解成若干个单峰值的威布尔分布时会采用分段建模法，即根据峰值进行分解，有几个峰值就分解为几个单峰值威布尔分布，这样就可以得到确定的分解结果。

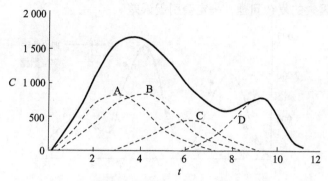

图5.3　各分系统叠加的总研制费用分布结果

实例　假设某民用飞机研制费用分布的原始数据如表5.7所示，根据原始数据作出的分布如图5.4所示。从图5.4可以看出，原始数据随时间的发展呈现3个明显的峰值，适合用分段建模法处理。根据图形当中明显的自然分段，将民用飞机研制的进度分成三个阶段，分别为0~6年、5~12年、9~15年，在三个阶段分别进行单峰值威布尔分布的参数估计，结果如表5.7所示。

表5.7　研制费用发生情况　　　　　　　　　　　　单位：十万元

时间/年	1	2	3	4	5
费用	332.2	1 021.1	2 407.5	1 788.2	173.6
时间/年	6	7	8	9	10
费用	118.4	1 044.2	2 067.2	2 561.2	2 177.4
时间/年	11	12	13	14	15
费用	435.9	623.2	915.0	1 058.1	203.8

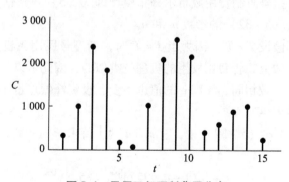

图5.4　民用飞机研制费用分布

$m_1 = 3.135$，$a_1 = 0.025\ 52$，$r_1 = 0$，$K_1 = 5\ 835$；

$m_2 = 2.603$，$a_2 = 0.006\ 41$，$r_2 = 5$，$K_2 = 7\ 850$；

$m_3 = 3.712$，$a_3 = 0.003\ 17$，$r_3 = 9$，$K_3 = 3\ 236$。

根据参数估计的结果得各单峰值威布尔分布模型，然后计算拟合数据，将理论曲线和实际数据拟合曲线作在同一图形当中进行比较，如图5.5所示，可以看出，拟合曲线与理论曲线有一定的平均相对误差，在实际当中这样的误差是可以接受的，因为实际费用分布是一个拥有大量不确定性因素的复杂问题，一定会引起误差。

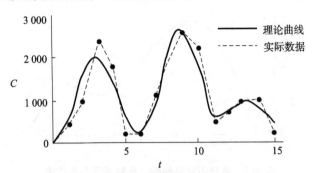

图 5.5　理论曲线与实际数据拟合曲线的比较

5.2.3　基于历史数据时间—费用模型的民用飞机研制费用分布

当开始民用飞机新型号研制时，如果有类似型号费用的分布历史数据可以参考，新研制型号的研制周期和研制费用由任务计划给出，则新型号民用飞机的威布尔时间—费用模型可以根据类似型号的历史数据建立。下面以单峰值威布尔分布为例进行讨论，多峰值威布尔分布模型可以分解为若干个单峰值威布尔分布进行处理。

假设民用飞机新型号的研制周期计划为 T，研制费用计划为 K，威布尔时间—费用模型为

$$C(t) = Kmat^{m-1}e^{-at^m} \tag{5-32}$$

另有类似历史型号民用飞机的研制周期为 T'，研制费用为 K'，且类似历史型号研制费用各年度实际发生值已知，拟合的时间费用模型为

$$C'(t) = K'm'a't^{m'-1}e^{-a't^{m'}} \tag{5-33}$$

下面根据类似历史型号研制费用威布尔分布模型即式（5 - 33）估计新研制型号研制费用威布尔分布模型即式（5 - 32）的参数 m 和 a。

一般情况下，我们假设 $T \neq T'$，因为当 $T = T'$ 时，新型号民用飞机与类似型号民用飞机的研制周期完全一样。加上二者费用发生的机理是类似的，因此可以认为新型号的费用分布与历史型号的费用分布大致相同，m 和 a 的值也不变，投资峰值点也不变，各年度的费用仅仅是相差一个比例系数 K/K'。

如果 $T \neq T'$，因为在式（5 - 32）中，有 m、a 两个待求解的参数，但是约束条件只有一个，即

$$t_s = \left[\frac{-\ln(1 - 0.995)}{a} \right]^{1/m} = \left(\frac{5.3}{a} \right)^{1/m} \tag{5-34}$$

所以此时模型没有确定的解，即有无穷多解。通常用经验估计法由专家估计给出投资峰值点 t_m，和式（5 - 34）结合在一起来求出 m 和 a 的值。由于在威布尔分布中峰值点偏前和偏后都会给决策带来很大麻烦，偏前会产生资金现时价值损失，偏后会带来投资风险，因此威布尔分布的峰值点非常关键，而经验估计法受主观因素的影响较大，从而精确度比较低。所以在实际工作时，我们可以做一些合理的假设和推理，使峰值点落在一个较小的区间内。

根据

$$t_m = \left(\frac{m-1}{am}\right)^{\frac{1}{m}} \qquad (5-35)$$

由式 (5-34) 可以看出，结束时间 t_s 和投资峰值点 t_m 是由 m 和 a 共同决定的。对式 (5-34) 和式 (5-35) 求全微分，得

$$dt_s = \frac{\partial t_s}{\partial a}da + \frac{\partial t_s}{\partial m}dm = -\frac{1}{m}(5.3)^{\frac{1}{m}}a^{-\frac{m+1}{m}}da - \frac{1}{m^2}\ln\left(\frac{5.3}{a}\right)\left(\frac{5.3}{a}\right)^{\frac{1}{m}}dm$$

$$dt_m = \frac{\partial t_m}{\partial a}da + \frac{\partial t_m}{\partial m}dm = -\frac{1}{m}\left(\frac{m-1}{m}\right)^{\frac{1}{m}}a^{-\frac{m+1}{m}}da - \frac{1}{m^2}\left[\ln\left(\frac{m-1}{am}\right) - \left(\frac{1}{m-1}\right)\right]\left(\frac{m-1}{m}\right)^{\frac{1}{m}}dm$$

$$(5-36)$$

然后我们讨论参数 m 和参数 a 变化对投资峰值点 t_m 和结束时间 t_s 的影响。记

$$k_1 = \frac{\partial t_s/\partial a}{\partial t_m/\partial a} = \left|\frac{5.3m}{m-1}\right|^{\frac{1}{m}} \qquad (5-37)$$

$$k_2 = \frac{\partial t_s/\partial m}{\partial t_m/\partial m} = \frac{\ln(5.3/a)}{\left|\ln\left|\frac{m-1}{am}\right| - \frac{1}{m-1}\right|}\left|\frac{5.3m}{m-1}\right|^{\frac{1}{m}} \qquad (5-38)$$

t_s 对 a 的偏导数与 t_m 对 a 的偏导数的比值 k_1 的含义是：m 恒定，a 变化时对投资峰值点 t_m 和结束时间 t_s 影响的差异；t_s 对 m 的偏导数与 t_m 对 m 的偏导数的比值 k_2 的含义是：a 不变，m 变化时对投资峰值点 t_m 和结束时间 t_s 影响的差异。表 5.8 所示为 m 取不同值时，对应的 k_1 的值的变化情况；表 5.9 所示为 m 和 a 取不同的组合时 k_2 的取值的变化情况。

表 5.8　不同的 m 对应的 k_1 值

项目	m							
	3	4	5	6	7	8	9	10
k_1	1.99	1.63	1.46	1.36	1.29	1.25	1.22	1.19

因为费用发生机理相似，所以新型号民用飞机和类似型号民用飞机的威布尔曲线具有相似的形状，故相对于类似型号民用飞机而言，新型号民用飞机的研制周期发生变化时，m' 和 a'，m 和 a 各自的变化都会促使研制周期向一致的方向变化。这样如果 t_m 的变化是由 m 和 a 共同变化引起的，则可以认为这个变化量是介于 m 和 a 各自变化时引起的 t_m 的变化量之间。在这样的假设的前提下，我们就可以根据 k_1 和 k_2 的值估算出峰值点取值的范围。

表 5.9　不同的 m、a 组合值对应的 k_2 值

m	a			
	0.01	0.001	0.000 1	0.000 01
3	3.38	2.85	2.61	2.48
4	2.56	2.22	2.06	1.97
5	2.21	1.94	1.82	1.74
6	2.02	1.79	1.68	1.61
7	1.90	1.69	1.59	1.53

m	a			
	0.01	0.001	0.000 1	0.000 01
8	1.81	1.62	1.52	1.45
9	1.75	1.57	1.48	1.43
10	1.71	1.53	1.44	1.39

令 $\Delta T = |T - T'|$，$\Delta t_m = |t_m - t'_m|$

则有

$$\Delta t_m \in [\Delta T/k_1, \Delta T/k_2] \qquad (5-39)$$

式中，t'_m 表示类似历史型号民用飞机的威布尔分布的峰值点；t_m 表示新型号民用飞机的威布尔分布的峰值点。

可以用迭代的过程求解 Δt_m，首先将 ΔT 分成较小的步长，由 m' 和 a' 作为初始值求出第一个步长中 k_1 和 k_2 的值，由上一步长得到 k_1 和 k_2 的值，求出下一步长对应的 m 和 a 值，由上一步长求得的 m 和 a 值作为初始值去求每个步长对应的 k_1 和 k_2 的值，依次进行迭代，求出最后结果。实际问题中，如果两种型号比较类似，ΔT 的值相对于 T 的值来说比较小，那么在满足误差要求的情况下也可以直接应用式（5-39）估计。

实例 某民用飞机机载设备（用型号 A 表示）的研制费用按年度分布情况如表 5.10 所示。新型号（用型号 B 表示）计划研制周期 15 年，研制费用计划安排 2 800（单位），下面根据已有型号 A 的研制费用分布情况确定新型号 B 的研制费用投资分布情况。

表 5.10　A 型号的研制费用分布

年份序号	1	2	3	4	5	6	7	8	9	10	11	12
费用	11	20	58	50	55	112	185	246	294	183	86	12

因为两种型号的研制费用的发生机理类似，对型号 B 建模的条件满足费用分布的相似性要求，故可以认为两者具有相同形式的威布尔时间—费用模型，在求解新型号的分布模型参数时可以根据历史型号 A 的威布尔分布模型来进行估计。

先求出型号 A 的分布，利用高斯—牛顿迭代法，求得型号 A 的威布尔时间—费用模型如下：

$$C(t) = 1\ 312 \times (0.104 \times 4.2 \times 0.003\ 9t^{3.2} \cdot$$
$$e^{-0.003\ 9t^{4.2}} + 0.896 \times 5.9 \times 0.000\ 002\ 5t^{4.9} \cdot$$
$$e^{-0.000\ 002\ 5t^{5.9}}) \qquad (5-40)$$

作出拟合效果图，如图 5.6 所示。

从拟合效果图可以看出，A 型号的威布尔时间—费用模型存在两个明显的峰值，可以看作由两个单峰值威布尔分布叠加而成，

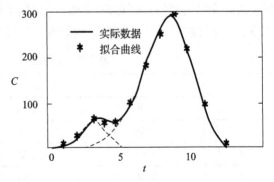

图 5.6　A 型号拟合效果

按照分段建模法把它分解为两个单峰值的威布尔分布，为方便起见，把这两个分布分别称为

分布 1 和分布 2。

分布 1 的威布尔时间—费用模型表达式为

$$C(t) = 2.235t^{3.2}e^{-0.003\,9t^{4.2}} \tag{5-41}$$

这里

$$m_1' = 4.2, \quad a_1' = 0.003\,9, \quad t_m' = 3.51, \quad t_s' = 5.57 \tag{5-42}$$

分布 2 的威布尔时间—费用模型表达式为

$$C(t) = 0.173\,4t^{4.9}e^{-0.000\,002\,5t^{5.9}} \tag{5-43}$$

这里

$$m_2' = 5.9, \quad a_2' = 0.000\,002\,5, \quad t_m' = 8.63, \quad t_s' = 11.7 \tag{5-44}$$

从图 5.6 和式（5-40）可以看出，分布 1 对分布 2 峰值点的影响非常小，分布 2 覆盖的费用几乎占总费用的 90%，因此可以分别对这两个分布作参数估计，先对分布 2 作参数估计。

将式（5-42）、式（5-44）代入式（5-37）、式（5-38）中可以求解出 $k_1 = 1.23$，$k_2 = 1.56$。由式（5-40）可得 $\Delta t_m \in [2.05, 2.6]$，可以计算出时间跨度是 0.55 年，这是一个很小的区间，可以视为一个满意的结果。根据这样的结果求出 m 和 a 的取值区间。用取平均值的方法给出一个确定的模型，于是取 $\Delta t_m = 2.325$，则有 $t_m = 10.955$，并且求出 $m_1 = 5.6$，$a_1 = 0.000\,000\,8$。类似可以计算出 $m_2 = 4.0$，$a_1 = 0.001\,1$。B 型号的威布尔时间—费用模型为

$$\begin{aligned} C(t) = 2\,800 \times (&0.104 \times 4 \times 0.001\,1t^3e^{-0.001\,1t^4} + \\ &0.896 \times 5.6 \times 0.000\,000\,8t^{4.6}e^{-0.000\,000\,8t^{5.6}}) \end{aligned} \tag{5-45}$$

将 A、B 型号的威布尔时间—费用模型的图像放在一起进行对比，结果如图 5.7 所示。

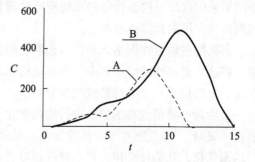

图 5.7　A、B 型号的威布尔时间—
费用模型对比

5.3　含灰色参数的民用飞机全寿命周期费用分布优化

民用飞机系统由若干个分系统构成，每个分系统的寿命周期费用在时间发展顺序上往往服从单峰值的威布尔分布。民用飞机的时间—费用模型可以看作各个分系统的时间—费用模型的叠加，这样一个过程使多个单峰值的威布尔分布模型叠加在一起形成一个多峰值的威布尔分布。多峰的威布尔分布呈现"高峰"和"低谷"的落差很大，这种波动性很大的不均衡投资强度分布模型既增加了主管部门的投资决策难度，又增加了投资的风险，不利于投资资金的合理使用。另外，民用飞机的研究与开发往往周期很长，人、财、物投入大，具有大量的不确定性因素，比如时间和费用的发生都具有不确定性。时间和费用发生的不确定性也造成了时间—费用模型的不确定性。下面考虑时间和费用均为区间灰色参数的情况下，在各活动的持续时间上，费用是单峰值的威布尔分布，总费用在各个年度的投资分配的优化问题。

5.3.1 活动时间和费用为灰色参数的多峰值威布尔分布的均衡优化

本节采用网络计划方法在工期固定的情况下对民用飞机寿命周期费用进行均衡优化，即对年度投资费用进行均衡优化。在传统的网络计划技术中，时间一般是精确值表示，但是在民用飞机的寿命周期过程中，由于研制等活动中诸多不确定因素的存在，使活动的持续时间具有灰色性质。某一活动的时间在实施前只是一个灰色的时间概念，表示仅仅是某一时间范围，在某一活动的持续时间上的费用同样具有灰色性质。由于时间、费用的发生具有不确定性，因此时间和费用的值往往是一个估算的区间灰色参数。下面考虑活动的时间和该时间上的费用均为灰色的区间参数，费用在该活动时间上是单峰的威布尔分布的均衡优化。

在网络计划仿真中，假设活动持续时间上费用分配服从威布尔分布，活动的时间、费用是区间灰色参数，则可采用以下方法步骤对费用进行均衡优化。

首先通过仿真的方法获得样本数据。即通过仿真建模获得各活动的周期、费用以及总周期、总费用的均值和方差等统计数据，然后进行数据统计分析。

其次选取代表性样本，由于模型中有多种不确定因素的影响，因此网络计划恰好由各活动的周期均值和费用均值构成的可能性比较小。所以，在具体操作时进行多次仿真，在多次输出结果中选取与网络计划的总周期均值和总费用均值最接近的一次作为该网络计划各活动的周期与费用的代表性样本。

再次构造确定性网络计划，以选取出的代表性样本输出的周期和费用数据构造确定性网络，在这个确定性网络计划中，各活动持续时间上的费用服从威布尔分布，各活动上的费用叠加，最后形成一个多峰的威布尔分布。

最后对多峰值威布尔分布进行均衡优化，由于多峰的威布尔分布具有很强的不均衡性，呈现"高峰"和"低谷"的落差很大，因此采用启发式的"削峰填谷法"对这种波动性进行均衡优化，从而使民用飞机的投资强度分布变得相对均衡。

5.3.2 含灰色参数的民用飞机寿命周期费用网络计划仿真

为方便起见，本书将模型简单化，假设图5.8所示为某民用飞机的寿命周期过程中某一阶段的活动网络计划图，表5.11所示为网络计划的参数，其中活动时间和活动费用均为区间灰色参数。

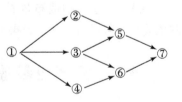

图 5.8　网络计划图

表 5.11　网络计划的参数

活动	活动费用/万元	活动时间/月
开始节点①	—	—
①－②	[5.10, 8.40]	[2.55, 4.20]
①－③	[3.15, 5.40]	[1.40, 2.40]
①－④	[8.00, 12.20]	[4.00, 6.25]
②－⑤	[7.65, 11.70]	[4.25, 6.50]
③－⑤	[0.00, 0.00]	—

续表

活动	活动费用/万元	活动时间/月
③-⑥	[10.88, 19.20]	[4.76, 8.40]
④-⑥	[13.87, 25.65]	[5.84, 10.80]
⑤-⑦	[11.68, 21.60]	[5.84, 11.80]
⑥-⑦	[3.00, 5.20]	[4.95, 8.58]
结束节点⑦	—	—

首先进行仿真实验，建立仿真模型，我们用（$i-j$）表示网络计划中的一个活动，假设项目总工期为 T，活动（$i-j$）的持续时间为 $D_{(i-j)}$，（$h-i$）和（$j-k$）分别表示活动（$i-j$）的紧前活动和紧后活动。于是我们可以计算出活动（$i-j$）的最早开始时间 $ES_{(i-j)}$、最迟开始时间 $LS_{(i-j)}$、最早结束时间 $EF_{(i-j)}$、最迟结束时间 $LF_{(i-j)}$ 和松弛时间 $S_{(i-j)}$ 等，各变量的计算公式如下：

活动（$i-j$）的最早开始时间

$$ES_{(i-j)} = \max\left(ES_{(h-i)} + D_{(h-i)}\right) \tag{5-46}$$

活动（$i-j$）的最迟开始时间

$$LS_{(i-j)} = \min\left(LS_{(j-k)} + D_{(i-j)}\right) \tag{5-47}$$

活动（$i-j$）的最早结束时间

$$EF_{(i-j)} = ES_{(i-j)} + D_{(i-j)} \tag{5-48}$$

活动（$i-j$）的最迟结束时间

$$LF_{(i-j)} = LS_{(i-j)} + D_{(i-j)} \tag{5-49}$$

活动（$i-j$）的松弛时间

$$S_{(i-j)} = LS_{(i-j)} - ES_{(i-j)} \tag{5-50}$$

民用飞机寿命周期内该阶段项目在 t 时刻所有活动投资额之和，也就是 t 时刻需要的总投资强度等于 $C(t)$，即有

$$C(t) = \sum C_{(i-j)}(t) \tag{5-51}$$

式中，$C(t)$ 表示威布尔时间—费用函数。

仿真运行次数 $n = 100$ 次，获得 100 组网络计划各活动的以上各参数值。根据每次仿真结果中的活动费用、周期等计算总费用、总周期及其样本均值和样本方差。

$$\bar{T} = \frac{1}{n}\sum_{k=1}^{n} T_k = 19.93$$

$$\bar{C} = \frac{1}{n}\sum_{k=1}^{n} C_k = 85.73$$

$$\sigma_T = \sqrt{\frac{1}{n-1}\sum_{k=1}^{n}\left(T_k - \bar{T}\right)} = 1.212$$

$$\sigma_C = \sqrt{\frac{1}{n-1}\sum_{k=1}^{n}\left(C_k - \bar{C}\right)} = 3.794$$

以欧氏距离作为衡量标准，计算公式为：

$$R = \sqrt{\left(\frac{T_k - \overline{T}}{\overline{T}}\right)^2 + \left(\frac{C_k - \overline{C}}{\overline{C}}\right)^2} \qquad (5-52)$$

对 100 次仿真输出结果，分别计算它们与样本均值的距离，选取距离最短的样本，以此样本作为代表值。计算结果显示，第 28 次仿真结果对应的样本点与样本均值的距离最短，最短距离为 $R_{min} = 0.0025$，$T_{28} = 19.884$（月），$C_{28} = 85.849$（万元）。第 28 次仿真输出的活动参数如表 5.12 所示，以这组参数构造一个确定性网络计划。

表 5.12 第 28 次仿真输出的活动参数

时间单位：月；费用单位：万元

活动	ES	EF	LS	LF	S	T	C
①－②	0	3.3234	5.1347	8.4581	5.1347	3.3234	7.522
①－③	0	1.9636	6.0903	8.0539	6.0903	1.9636	4.094
①－④	0	6.1201	0	6.1201	0	6.1201	9.089
②－⑤	3.3234	8.0706	8.4581	13.205	5.1347	4.7472	9.306
③－⑤	1.9532	1.9876	13.187	13.249	11.382	0	0
③－⑥	1.9636	7.4152	8.0593	13.505	6.0903	5.4515	15.093
④－⑥	6.1201	13.505	6.1201	13.505	.	7.3851	20.472
⑤－⑦	8.0706	14.749	13.205	19.884	5.1347	6.6787	16.307
⑥－⑦	13.505	19.884	13.505	19.884	0	6.3786	3.965

5.3.3 含灰色参数的民用飞机寿命周期费用多峰值威布尔分布的均衡优化

在构造出的确定性网络中，每一活动持续时间上费用服从威布尔分布，活动的总投资额 K 就是活动的费用 $C_{(i-j)}$，位置参数 r 取为活动的最早开始时间 $ES_{(i-j)}$。确定各活动上威布尔分布参数的方法和前文相同。所有活动上威布尔分布进行叠加得到整个网络计划进度内一个多峰的威布尔时间—费用分布，因为网络计划中各活动的最早开始时间不同，所以如果直接按照这个结果进行，就会出现投资强度的不均衡。因为这个计划的投资强度分布图中高峰和低谷值出现很大的波动，所以会带来严重的管理困难和投资风险，如图 5.9 所示。

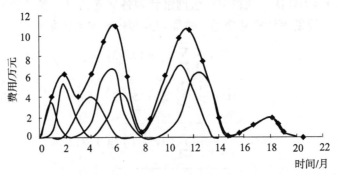

图 5.9 威布尔时间—费用分布叠加图

为了对投资强度进行有效均衡，本书采用削峰填谷法。设 C 为在整个投资期 T 内的年平均费用，C_t 为第 t 年的费用，则用方差 σ^2 作为不均衡程度的表述指标。

$$\sigma^2 = \frac{1}{T} \sum_{t=1}^{T} (C_t - \overline{C})^2 = \frac{1}{T} \sum_{t=1}^{T} C_t^2 - \overline{C}^2 \qquad (5-53)$$

式中，$\overline{C}^2$ 和周期 T 都是确定值，均衡优化时可以把目标函数定义为

$$\min F = \sum_{t=1}^{T} C_t^2 \qquad (5-54)$$

然后调整非关键活动的开工时间，考虑以下约束：

令 $JK_{(i-j)} = \{活动(j-k)是活动(i-j)的紧后活动\}$，当 $JK_{(i-j)} \neq \phi$ 时，有

$$TS_{(i-j)} + T_{(i-j)} \leq TS_{(i-k)}, \quad JK_{(j-k)} \in JK_{(j-k)} \qquad (5-55)$$

在其松弛时间范围内非关键活动实际开工时间要进行调整：

$$ES_{(i-j)} \leq TS_{(i-j)} \leq ES_{(i-j)} + S_{(i-j)}, \quad S_{(i-j)} \neq 0 \qquad (5-56)$$

具体均衡优化可按以下步骤进行：

首先各活动的初始开工时间取为各活动的早开始时间。

其次找出最大费用值 $C_{\max}$ 及出现最大费用值的时段；确定本次调整的最大目标强度 S。

最后，如果某一时段中资源强度超出了我们的目标 S，就对所有的非关键活动进行搜索，把需要该资源的活动找出来，在松弛时间范围内对每个活动进行搜索，找出最优活动开工时间集合。根据调整以后的结果计算均衡指标 $\sum C_t^2$，把该均衡指标与调整前的指标进行比较，找出比较优的结果。

重复进行以上过程直至满足条件。

根据以上给出的算法，对投资强度分布曲线进行均衡优化，该网络计划中共有 9 个活动，其中包括 1 个虚活动、3 个关键路径上的活动和 5 个非关键路径上的活动。均衡优化的最终的优化结果以及优化过程中时间—费用分布曲线的变化过程如图 5.10 所示。优化过程中调整了 2 个非关键活动的实际开工时间。

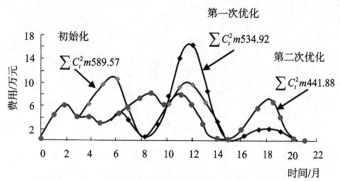

图 5.10　均衡优化过程中时间—费用分布曲线

5.4　本章小结

本章首先在威布尔概率分布函数的基础上给出威布尔时间—费用模型，并且研究了模型中参数估计的方法，包括经验估算法、线性回归分析法和高斯—牛顿迭代法，讨论了威布尔

时间—费用模型的单峰值和多峰值的不同形式。其次利用单峰值模型对民用飞机的研制费用进行预测，给出研制经费投资强度分配参考建议。对多峰值模型采用分系统叠加和分段建模的方法将其转化为单峰值进行处理。再次基于类似型号历史数据建立威布尔时间—费用模型，研究确定新型号的投资强度分布情况。最后在时间、费用包含不确定信息的情况下，在网络计划仿真方法中，引入灰色参数，建立灰色威布尔时间—费用模型，采用启发式算法中的削峰填谷法，结合算例，得到一个较为均衡的投资强度分布。

第六章　民用飞机全寿命周期费用灰色预测模型

民用飞机的研制是一项耗资巨大、研制周期长，并且风险大的工程。只有在寿命周期各个阶段对费用实施管理，准确预测寿命周期各阶段的费用，才能有效控制费用的增长，提高采办效率和有限经费使用效益。在对民用飞机的研制费用、生产采购费用和使用保障费用进行预测时，民用飞机实际发生费用数据的长期统计不规范，社会总体物价指数上升，研制技术复杂程度急速上升，修理部门或工厂的信息封闭等，致使各种费用的必要数据储备缺乏。因此，在对民用飞机全寿命周期费用进行预测时，传统的费用预测方法显得无能为力。鉴于我国开展民用飞机研制的历史短，积累的数据和信息非常有限，体现为明显的小样本、贫信息的特点，本章将研究灰色预测模型，改进和优化灰色预测模型的使用范围，把改进后的模型应用于民用飞机寿命周期各阶段的费用预测当中。

6.1　灰色预测模型研究

6.1.1　优化灰色作用量的预测模型

灰色预测模型是使用生成变换的方法利用较少的原始数据序列生成新的数据序列，对新序列建立微分方程，求解后再还原进行预测。其中最典型的是 GM(1,1) 模型。GM(1,1) 模型中灰色作用量反映数据变化的关系，内涵是灰的，是从背景值中挖掘出来的数据，在传统的 GM(1,1) 模型中，灰色作用量用参数 b 表示，这种表示方法把外来的扰动看成不变的量，使求解的过程简单明了，非常方便。但实际上，在对民用飞机的全寿命周期费用等进行预测时，随着时间和空间的变化，情况越来越复杂，外来的扰动也不是一成不变的量，灰色作用量也会随着有所变化，而不是传统模型中的不变的常数。根据研究，在随着时间的发展过程中，灰色作用量和时间参数之间呈线性关系，传统 GM(1,1) 模型把灰色作用量视为常数，没有体现出其随时间发展的这一变化。本书考虑到其动态变化，将灰色作用量 b 用 $b_1 + b_2 k$ 代替，对 GM(1,1) 模型进行优化。

我们先来分析一下 GM(1,1) 模型的特点，GM(1,1) 模型的预测表达式为：

$$\hat{x}^{(0)}(k+1) = \hat{x}^{(1)}(k+1) - \hat{x}^{(1)}(k) = (1 - e^a)\left[x^{(0)}(1) - \frac{b}{a}\right]e^{-ak}, \ k = 1, 2, \cdots, n \ (6-1)$$

从式（6-1）可以看出，GM(1,1) 的预测表达式整体上呈现的是一个指数序列，因此在下面的研究过程中将以指数序列为例讨论灰色作用量在时间发展过程中呈现出的性质。

有关文献已经证明了如果用非零的常数 K 乘以原始序列得新序列，那么就发展系数而言，新序列和原始序列是不变的，但是就灰色作用量而言，新序列是原始序列的 K 倍。根据这个结果，我们首先研究灰色作用量的时变性质。

定理 6.1　设 $X^{(0)}(k) = Ae^{\lambda(k-1)}, k = 1, 2, \cdots, N, X_1^{(0)}(k) = Ae^{\lambda(k-1)}, k = 1, 2, \cdots, N; X_2^{(0)}(k) =$

$Ae^{\lambda(k-1)}$，$k=t+1,t+2,\cdots,t+N$。$[a,b]$ 是 $X_1^{(0)}(k)$ 的参数，$[a',b']$ 是 $X_2^{(0)}(k)$ 的参数，则 $a'=a$，$b'=e^{\lambda t}b$。

定理6.1 是说，对于同一个序列，如果我们选取不同时间段的相同长度的序列建立灰色预测模型，那么在按照时间的发展变化过程中，发展系数是不变的，但是灰色作用量是变化的，灰色作用量随着时间的推移有变化的性质。定理的结论表明，如果让时间从 $k=1$ 变化到 $k=t+1$，利用同样长度为 N 的从原序列中截取的序列建立 GM(1,1) 模型，对应的灰色作用量将由原来的 b 变化为 $b'=e^{\lambda t}b$。

$$e^{\lambda t}=1+\lambda t+\frac{\lambda^2 t^2}{2!}+\frac{\lambda^3 t^3}{3!}+\cdots+\frac{\lambda^n t^n}{n!}+\cdots \tag{6-2}$$

从而有

$$b'=e^{\lambda t}b\approx(1+\lambda t)b=b+\lambda bt \tag{6-3}$$

从式（6-3）可以看出，灰色作用量和时间参数之间是一种线性函数关系。在传统的 GM(1,1) 模型中都是把灰色作用量看成常数对待，这样的做法将会产生不必要的误差，影响预测精度。下面把模型中的灰色作用量改进为时间的线性函数，即把模型中的灰色作用量 b 用 $b_1+b_2 k$ 代替，建立优化灰色作用量的 GM(1,1) 模型。

定义 6.1 称

$$x^{(0)}(k)+az^{(1)}(k)=b_1+b_2 k \tag{6-4}$$

为优化灰色作用量的 GM(1,1) 微分方程。

定理 6.2 设 $\boldsymbol{X}^{(0)}$ 为非负准光滑序列

$$\boldsymbol{X}^{(0)}=[x^{(0)}(1),x^{(0)}(2),\cdots,x^{(0)}(n)] \tag{6-5}$$

$\boldsymbol{X}^{(1)}$ 为 $\boldsymbol{X}^{(0)}$ 的 $1-\mathrm{AGO}$ 序列

$$\boldsymbol{X}^{(1)}=[x^{(1)}(1),x^{(1)}(2),\cdots,x^{(1)}(n)] \tag{6-6}$$

式中，$x^{(1)}(k)=\sum_{i=1}^{k}x^{(0)}(i)$，$k=1,2,\cdots,n$；$\boldsymbol{Z}^{(1)}$ 为 $\boldsymbol{X}^{(1)}$ 的紧邻均值生成序列：

$$\boldsymbol{Z}^{(1)}=[z^{(1)}(1),z^{(1)}(2),\cdots,z^{(1)}(n)] \tag{6-7}$$

式中，$z^{(1)}(k)=0.5x^{(1)}(k)+0.5x^{(1)}(k-1)$，$k=2,3,\cdots,n$。

若 $\hat{\boldsymbol{a}}=(a,b_1,b_2)^{\mathrm{T}}$ 为参数列，且

$$\boldsymbol{Y}=\begin{bmatrix}x^{(0)}(2)\\x^{(0)}(3)\\\vdots\\x^{(0)}(n)\end{bmatrix},\boldsymbol{B}=\begin{bmatrix}-z^{(1)}(2)&1&2\\-z^{(1)}(3)&1&3\\\vdots&\vdots&\vdots\\-z^{(1)}(n)&1&n\end{bmatrix} \tag{6-8}$$

则灰色微分方程 $x^{(0)}(k)+az^{(1)}(k)=b_1+b_2 k$ 的最小二乘估计参数列满足

$$\hat{\boldsymbol{a}}=(\boldsymbol{B}^{\mathrm{T}}\boldsymbol{B})^{-1}\boldsymbol{B}^{\mathrm{T}}\boldsymbol{Y} \tag{6-9}$$

证明 将数据代入灰色微分方程 $x^{(0)}(k)+az^{(1)}(k)=b_1+b_2 k$，得

$$x^{(0)}(2)+az^{(1)}(2)=b_1+2b_2$$

$$x^{(0)}(3)+az^{(1)}(3)=b_1+3b_2$$

$$\cdots$$

$$x^{(0)}(n)+az^{(1)}(n)=b_1+nb_2$$

此即

$$Y = \hat{B}a$$

对于 a, b_1, b_2 的一组估计值，以 $-az^{(1)}(k) + b_1 + b_2 k$ 代替 $x^{(0)}(k)$，可得误差序列

$$\boldsymbol{\varepsilon} = \boldsymbol{Y} - \boldsymbol{B}\hat{\boldsymbol{a}}$$

设

$$s = \boldsymbol{\varepsilon}^{\mathrm{T}} \boldsymbol{\varepsilon} = (\boldsymbol{Y} - \boldsymbol{B}\hat{\boldsymbol{a}})^{\mathrm{T}} (\boldsymbol{Y} - \boldsymbol{B}\hat{\boldsymbol{a}}) = \sum_{k=2}^{n} [x^{(0)}(k) + az^{(1)}(k) - b_1 - b_2 k]^2$$

使 s 最小的 a, b_1, b_2 应满足

$$\begin{cases} \dfrac{\partial s}{\partial a} = 2 \sum_{k=2}^{n} [x^{(0)}(k) + az^{(1)}(k) - b_1 - b_2 k] z^{(1)}(k) = 0, \\[2mm] \dfrac{\partial s}{\partial b_1} = -2 \sum_{k=2}^{n} [x^{(0)}(k) + az^{(1)}(k) - b_1 - b_2 k] = 0, \\[2mm] \dfrac{\partial s}{\partial b_2} = -2 \sum_{k=2}^{n} [x^{(0)}(k) + az^{(1)}(k) - b_1 - b_2 k] k = 0。 \end{cases}$$

此为关于 a, b_1, b_2 的齐次线形方程组，由克莱姆法则可以求出其解为

$$\begin{cases} a = \dfrac{D_a}{D}, \\[2mm] b_1 = \dfrac{D_{b_1}}{D}, \\[2mm] b_2 = \dfrac{D_{b_2}}{D}。 \end{cases}$$

式中，

$$D = \begin{vmatrix} -\sum\limits_{k=2}^{n} [z^{(1)}(k)]^2 & \sum\limits_{k=2}^{n} z^{(1)}(k) & \sum\limits_{k=2}^{n} k z^{(1)}(k) \\[3mm] -\sum\limits_{k=2}^{n} z^{(1)}(k) & n-1 & \sum\limits_{k=2}^{n} k \\[3mm] -\sum\limits_{k=2}^{n} k z^{(1)}(k) & \sum\limits_{k=2}^{n} k & \sum\limits_{k=2}^{n} k^2 \end{vmatrix}$$

$$D_a = \begin{vmatrix} \sum\limits_{k=2}^{n} x^{(0)}(k) z^{(1)}(k) & \sum\limits_{k=2}^{n} z^{(1)}(k) & \sum\limits_{k=2}^{n} k z^{(1)}(k) \\[3mm] \sum\limits_{k=2}^{n} x^{(0)}(k) & n-1 & \sum\limits_{k=2}^{n} k \\[3mm] \sum\limits_{k=2}^{n} k x^{(0)}(k) & \sum\limits_{k=2}^{n} k & \sum\limits_{k=2}^{n} k^2 \end{vmatrix}$$

$$D_{b_1} = \begin{vmatrix} -\sum_{k=2}^{n} [z^{(1)}(k)]^2 & \sum_{k=2}^{n} x^{(0)}(k)z^{(1)}(k) & \sum_{k=2}^{n} kz^{(1)}(k) \\ -\sum_{k=2}^{n} z^{(1)}(k) & \sum_{k=2}^{n} x^{(0)}(k) & \sum_{k=2}^{n} k \\ -\sum_{k=2}^{n} kz^{(1)}(k) & \sum_{k=2}^{n} kx^{(0)}(k) & \sum_{k=2}^{n} k^2 \end{vmatrix}$$

$$D_{b_2} = \begin{vmatrix} -\sum_{k=2}^{n} [z^{(1)}(k)]^2 & \sum_{k=2}^{n} z^{(1)}(k) & \sum_{k=2}^{n} x^{(0)}(k)z^{(1)}(k) \\ -\sum_{k=2}^{n} z^{(1)}(k) & n-1 & \sum_{k=2}^{n} x^{(0)}(k) \\ -\sum_{k=2}^{n} kz^{(1)}(k) & \sum_{k=2}^{n} k & \sum_{k=2}^{n} kx^{(0)}(k) \end{vmatrix}$$

另外

$$B^T B = \begin{bmatrix} -z^{(1)}(2) & 1 & 2 \\ -z^{(1)}(3) & 1 & 3 \\ \vdots & \vdots & \vdots \\ -z^{(1)}(n) & 1 & n \end{bmatrix}^T \begin{bmatrix} -z^{(1)}(2) & 1 & 2 \\ -z^{(1)}(3) & 1 & 3 \\ \vdots & \vdots & \vdots \\ -z^{(1)}(n) & 1 & n \end{bmatrix}$$

$$= \begin{bmatrix} \sum_{k=2}^{n} [z^{(1)}(k)]^2 & -\sum_{k=2}^{n} z^{(1)}(k) & -\sum_{k=2}^{n} kz^{(1)}(k) \\ -\sum_{k=2}^{n} z^{(1)}(k) & n-1 & \sum_{k=2}^{n} k \\ -\sum_{k=2}^{n} kz^{(1)}(k) & \sum_{k=2}^{n} k & \sum_{k=2}^{n} k^2 \end{bmatrix}$$

记 $B^T B = A$

$$|B^T B| = (n-1)\sum_{k=2}^{n} k^2 \sum_{k=2}^{n} [z^{(1)}(k)]^2 + 2\sum_{k=2}^{n} k \sum_{k=2}^{n} z^{(1)}(k) \cdot$$

$$\sum_{k=2}^{n} kz^{(1)}(k) - (n-1)[\sum_{k=2}^{n} kz^{(1)}(k)]^2 -$$

$$(\sum_{k=2}^{n} k)^2 \sum_{k=2}^{n} [z^{(1)}(k)]^2 - \sum_{k=2}^{n} k^2 [\sum_{k=2}^{n} z^{(1)}(k)]^2 = -D$$

$$(B^T B)^{-1} = \frac{1}{|B^T B|} \times \begin{bmatrix} (n-1)\sum_{k=2}^{n} k^2 - (\sum_{k=2}^{n} k)^2 \\ \sum_{k=2}^{n} k^2 \sum_{k=2}^{n} z^{(1)}(k) - \sum_{k=2}^{n} k \sum_{k=2}^{n} kz^{(1)}(k) \\ -\sum_{k=2}^{n} k \sum_{k=2}^{n} z^{(1)}(k) + (n-1)\sum_{k=2}^{n} kz^{(1)}(k) \end{bmatrix}$$

$$\sum_{k=2}^{n} k^2 \sum_{k=2}^{n} z^{(1)}(k) - \sum_{k=2}^{n} k \sum_{k=2}^{n} kz^{(1)}(k)$$

$$\sum_{k=2}^{n} k^2 \sum_{k=2}^{n} \left[z^{(1)}(k)\right]^2 - \left[\sum_{k=2}^{n} kz^{(1)}(k)\right]^2$$

$$- \sum_{k=2}^{n} k \sum_{k=2}^{n} \left[z^{(1)}(k)\right]^2 + \sum_{k=2}^{n} z^{(1)}(k) \sum_{k=2}^{n} kz^{(1)}(k)$$

$$- \sum_{k=2}^{n} k \sum_{k=2}^{n} z^{(1)}(k) + (n-1) \sum_{k=2}^{n} kz^{(1)}(k)$$

$$- \sum_{k=2}^{n} k \sum_{k=2}^{n} \left[z^{(1)}(k)\right]^2 + \sum_{k=2}^{n} z^{(1)}(k) \sum_{k=2}^{n} kz^{(1)}(k)$$

$$(n-1) \sum_{k=2}^{n} \left[z^{(1)}(k)\right]^2 - \left[\sum_{k=2}^{n} z^{(1)}(k)\right]^2$$

$$= \frac{1}{-D} \begin{bmatrix} A_{11} & A_{21} & A_{31} \\ A_{12} & A_{22} & A_{32} \\ A_{31} & A_{32} & A_{33} \end{bmatrix}$$

式中，A_{ij}，i，$j=1,2,3$ 为 $\boldsymbol{B}^{\mathrm{T}}\boldsymbol{B}$ 中元素的代数余子式。

$$\boldsymbol{B}^{\mathrm{T}}\boldsymbol{Y} = \begin{bmatrix} -z^{(1)}(2) & 1 & 2 \\ -z^{(1)}(3) & 1 & 3 \\ \vdots & \vdots & \vdots \\ -z^{(1)}(n) & 1 & n \end{bmatrix}^{\mathrm{T}} \begin{bmatrix} x^{(0)}(2) \\ x^{(0)}(3) \\ \vdots \\ x^{(0)}(n) \end{bmatrix} = \begin{bmatrix} -\sum_{k=2}^{n} x^{(0)}(k)z^{(1)}(k) \\ \sum_{k=2}^{n} x^{(0)}(k) \\ \sum_{k=2}^{n} kx^{(0)}(k) \end{bmatrix}$$

$$(\boldsymbol{B}^{\mathrm{T}}\boldsymbol{B})^{-1}\boldsymbol{B}^{\mathrm{T}}\boldsymbol{Y} = \frac{1}{-D} \begin{bmatrix} A_{11} & A_{21} & A_{31} \\ A_{12} & A_{22} & A_{32} \\ A_{31} & A_{32} & A_{33} \end{bmatrix} \begin{bmatrix} -\sum_{k=2}^{n} x^{(0)}(k)z^{(1)}(k) \\ \sum_{k=2}^{n} x^{(0)}(k) \\ \sum_{k=2}^{n} kx^{(0)}(k) \end{bmatrix} = \begin{bmatrix} \dfrac{D_a}{D} & \dfrac{D_{b_1}}{D} & \dfrac{D_{b_2}}{D} \end{bmatrix}^{\mathrm{T}}$$

即有

$$\hat{a} = (a, b_1, b_2)^{\mathrm{T}} = (\boldsymbol{B}^{\mathrm{T}}\boldsymbol{B})^{-1}\boldsymbol{B}^{\mathrm{T}}\boldsymbol{Y}$$

定义 6.2　称

$$\frac{\mathrm{d}x^{(1)}}{\mathrm{d}t} + ax^{(1)} = b_1 + b_2 k \tag{6-10}$$

为灰色 GM(1,1) 方程（6-4）的白化方程。

定理 6.3　设 $\boldsymbol{B}$，$\boldsymbol{Y}$，$\hat{a}$ 如定理 6.2 所述，$\hat{a} = (a, b_1, b_2)^{\mathrm{T}} = (\boldsymbol{B}^{\mathrm{T}}\boldsymbol{B})^{-1}\boldsymbol{B}^{\mathrm{T}}\boldsymbol{Y}$，则

（1）白化方程 $\dfrac{\mathrm{d}x^{(1)}}{\mathrm{d}t} + ax^{(1)} = b_1 + b_2 k$ 的解也称时间响应函数，为

$$x^{(1)}(t) = \left[x^{(0)}(1) - \frac{b_1}{a} - \frac{b_2}{a} + \frac{b_2}{a^2} \right] e^{-a(t-1)} + \frac{b_1}{a} + \frac{b_2}{a} - \frac{b_2}{a^2} \qquad (6-11)$$

（2）灰色微分方程 $x^{(0)}(k) + az^{(1)}(k) = b_1 + b_2 k$ 的时间响应序列为

$$\hat{x}^{(1)}(k+1) = \left[x^{(0)}(1) - \frac{b_1}{a} - \frac{b_2}{a} + \frac{b_2}{a^2} \right] e^{-ak} + \frac{b_1}{a} + \frac{b_2}{a} - \frac{b_2}{a^2}, k = 1, 2, \cdots, n \qquad (6-12)$$

（3）还原值

$$\hat{x}^{(0)}(k+1) = \alpha^{(1)}\hat{x}^{(1)}(k+1) = \hat{x}^{(1)}(k+1) - \hat{x}^{(1)}(k)$$

$$= (1 - e^a)\left[x^{(0)}(1) - \frac{b_1}{a} - \frac{b_2}{a} + \frac{b_2}{a^2} \right] e^{-ak}, k = 1, 2, \cdots, n$$

$$(6-13)$$

证明 （1）微分方程 $\dfrac{\mathrm{d}x^{(1)}}{\mathrm{d}t} + ax^{(1)} = b_1 + b_2 k$ 的通解为

$$x^{(1)}(t) = e^{-\int a \mathrm{d}t}\left[\int (b_1 + b_2 t) e^{\int a \mathrm{d}t} \mathrm{d}t + C \right]$$

解得

$$x^{(1)}(t) = Ce^{-at} + \frac{b_1}{a} + \frac{b_2}{a} - \frac{b_2}{a^2}$$

令 $x^{(1)}(1) = x^{(0)}(1)$，得

$$C = \left[x^{(0)}(1) - \frac{b_1}{a} - \frac{b_2}{a} + \frac{b_2}{a^2} \right] e^a$$

（2）由（1）的证明结果，令 $t = k + 1$，则 $x^{(1)}(t) = x^{(1)}(k+1)$，故可得灰色微分方程的时间响应序列

$$\hat{x}^{(1)}(k+1) = \left[x^{(0)}(1) - \frac{b_1}{a} - \frac{b_2}{a} + \frac{b_2}{a^2} \right] e^{-ak} + \frac{b_1}{a} + \frac{b_2}{a} - \frac{b_2}{a^2}, k = 1, 2, \cdots, n$$

（3）显然成立。

6.1.2 改进白化方程的预测模型

GM$(1,1)$ 模型的参数估计是采用离散形式即 GM$(1,1)$ 模型的基本形式：

$$x^{(0)}(k) + az^{(1)}(k) = b \qquad (6-14)$$

然后直接定义 GM$(1,1)$ 模型的白化方程为一阶线性微分方程模型

$$\frac{\mathrm{d}x^{(1)}(t)}{\mathrm{d}t} + ax^{(1)}(t) = b \qquad (6-15)$$

在以往的文献当中，对模型的参数进行估计一般都是以方程的离散形式即式（6-14）为根据，然后将从式（6-14）中求出的参数直接代入式（6-15）进行预测，这样一个过程实际上是有一个从离散形式到连续形式的跳跃，迄今为止，尚未有文献对这样一个跳跃过程作出解释。下面将推导从离散形式到连续形式的过程，然后给出直接求解出的白化方程，最后利用求解出的白化方程形式推导出模型的时间响应序列。

定理 6.4 GM$(1,1)$ 模型的基本形式即式（6-14）可转化为

$$x^{(0)}(k) = \frac{b}{1 + 0.5a} - \frac{a}{1 + 0.5a}x^{(1)}(k-1) \qquad (6-16)$$

证明　将 $z^{(1)}(k)=0.5x^{(1)}(k)+0.5x^{(1)}(k-1)$ 代入式（6-14）得

$$x^{(0)}(k)+0.5a[x^{(1)}(k)+x^{(1)}(k-1)]$$
$$=x^{(0)}(k)+0.5a[x^{(1)}(k-1)+x^{(0)}(k)+x^{(1)}(k-1)]$$
$$=(1+0.5a)x^{(0)}(k)+ax^{(1)}(k-1)=b$$

从而有

$$x^{(0)}(k)=\frac{b}{1+0.5a}-\frac{a}{1+0.5a}x^{(1)}(k-1)$$

定理 6.5　GM(1,1) 的差分方程模型即式（6-16）可连续化为微分方程模型

$$\frac{\mathrm{d}x^{(1)}(t)}{\mathrm{d}t}+\frac{a}{1+0.5a}x^{(1)}(t)=\frac{b}{1+0.5a} \qquad (6-17)$$

证明　将 $x^{(0)}(k)=x^{(1)}(k)-x^{(1)}(k-1)$ 代入式（6-16）可得

$$x^{(1)}(k)-x^{(1)}(k-1)=\frac{b}{1+0.5a}-\frac{a}{1+0.5a}x^{(1)}(k-1) \qquad (6-18)$$

式（6-18）可以看作差分方程，其时滞为 1，将时滞变化为 Δt，即将其看成可以任意取值的变量，设差 $x^{(1)}(t)-x^{(1)}(t-\Delta t)$ 正比于 Δt，把可变值引进式（6-18），则式（6-18）变成下面形式

$$x^{(1)}(t)-x^{(1)}(t-\Delta t)=\left[\frac{b}{1+0.5a}-\frac{a}{1+0.5a}x^{(1)}(t-\Delta t)\right]\Delta t \qquad (6-19)$$

或

$$\frac{x^{(1)}(t)-x^{(1)}(t-\Delta t)}{\Delta t}=\frac{b}{1+0.5a}-\frac{a}{1+0.5a}x^{(1)}(t-\Delta t) \qquad (6-20)$$

式（6-18）就是方程中 $\Delta t=1$ 的情形。式（6-19）的左边是 Δt 时刻的累加生成数列的改变量，如果 Δt 增大，那么这个改变量也增大，即改变量是时滞的增函数。在时滞很小的情况下，可以把累加生成数列的改变量看成和时滞之间成正比关系，所以在式（6-19）的右边有因子 Δt 存在。

当时滞越来越小，逐渐趋近零的时候即 $\Delta t\to 0$，式（6-20）就成为下面的微分方程：

$$\frac{\mathrm{d}x^{(1)}(t)}{\mathrm{d}t}+\frac{a}{1+0.5a}x^{(1)}(t)=\frac{b}{1+0.5a} \qquad (6-21)$$

定理 6.6　设 $\boldsymbol{X}^{(0)}$ 为非负准光滑序列

$$\boldsymbol{X}^{(0)}=[x^{(0)}(1),x^{(0)}(2),\cdots,x^{(0)}(n)] \qquad (6-22)$$

$\boldsymbol{X}^{(1)}$ 为 $\boldsymbol{X}^{(0)}$ 的 1-AGO 序列

$$\boldsymbol{X}^{(1)}=[x^{(1)}(1),x^{(1)}(2),\cdots,x^{(1)}(n)] \qquad (6-23)$$

式中，$x^{(1)}(k)=\sum_{i=1}^{k}x^{(0)}(i),k=1,2,\cdots,n$。$\boldsymbol{Z}^{(1)}$ 为 $\boldsymbol{X}^{(1)}$ 的紧邻均值生成序列：

$$\boldsymbol{Z}^{(1)}=[z^{(1)}(1),z^{(1)}(2),\cdots,z^{(1)}(n)] \qquad (6-24)$$

式中，$z^{(1)}(k)=0.5x^{(1)}(k)+0.5x^{(1)}(k-1),k=2,3,\cdots,n$。

若 $\hat{\boldsymbol{a}}=(a,b)^{\mathrm{T}}$ 为参数列，且

$$\boldsymbol{Y}=\begin{bmatrix}x^{(0)}(2)\\x^{(0)}(3)\\\vdots\\x^{(0)}(n)\end{bmatrix},\boldsymbol{B}=\begin{bmatrix}-z^{(1)}(2)&1\\-z^{(1)}(3)&1\\\vdots&\vdots\\-z^{(1)}(n)&1\end{bmatrix} \qquad (6-25)$$

则方程 $x^{(0)}(k) + az^{(1)}(k) = b$ 的最小二乘估计参数列满足

$$\hat{a} = (\boldsymbol{B}^{\mathrm{T}}\boldsymbol{B})^{-1}\boldsymbol{B}^{\mathrm{T}}\boldsymbol{Y}$$

定义 6.3 设 $\boldsymbol{X}^{(0)}$ 为非负准光滑序列，$\boldsymbol{X}^{(1)}$ 为 $\boldsymbol{X}^{(0)}$ 的 $1-\mathrm{AGO}$ 序列，$\boldsymbol{Z}^{(1)}$ 为 $\boldsymbol{X}^{(1)}$ 的紧邻均值生成序列，$\hat{a} = (\boldsymbol{B}^{\mathrm{T}}\boldsymbol{B})^{-1}\boldsymbol{B}^{\mathrm{T}}\boldsymbol{Y}$，则称方程

$$\frac{\mathrm{d}x^{(1)}(t)}{\mathrm{d}t} + \frac{a}{1+0.5a}x^{(1)}(t) = \frac{b}{1+0.5a} \qquad (6-26)$$

为 $\mathrm{GM}(1,1)$ 模型

$$x^{(0)}(k) + az^{(1)}(k) = b \qquad (6-27)$$

的改进的白化方程。

于是不难得到以下结论。

定理 6.7 设 $\boldsymbol{B}$，$\boldsymbol{Y}$，$\hat{a}$ 如定理 6.6 所述，$\hat{a} = (\boldsymbol{B}^{\mathrm{T}}\boldsymbol{B})^{-1}\boldsymbol{B}^{\mathrm{T}}\boldsymbol{Y}$，则

（1）改进白化方程 $\dfrac{\mathrm{d}x^{(1)}(t)}{\mathrm{d}t} + \dfrac{a}{1+0.5a}x^{(1)}(t) = \dfrac{b}{1+0.5a}$ 的解也称时间响应函数为

$$x^{(1)}(t) = \left[x^{(0)}(1) - \frac{b}{a} \right] \mathrm{e}^{-\frac{a}{1+0.5a}t} + \frac{b}{a} \qquad (6-28)$$

（2）灰色微分方程 $x^{(0)}(k) + az^{(1)}(k) = b$ 的时间响应序列为

$$x^{(1)}(k+1) = \left[x^{(0)}(1) - \frac{b}{a} \right] \mathrm{e}^{-\frac{a}{1+0.5ak}} + \frac{b}{a}, k = 1,2,\cdots,n \qquad (6-29)$$

（3）还原值

$$\hat{x}^{(0)}(k+1) = \alpha^{(1)}\hat{x}^{(1)}(k+1) = \hat{x}^{(1)}(k+1) - \hat{x}^{(1)}(k)$$

$$= \left(1 - \mathrm{e}^{\frac{a}{1+0.5a}}\right) \left[x^{(0)}(1) - \frac{b}{a} \right] \mathrm{e}^{-\frac{a}{1+0.5ak}}, k = 1,2,\cdots,n \qquad (6-30)$$

对 $\mathrm{GM}(1,N)$ 模型的白化方程同样可做以下改进和优化。

定义 6.4 设 $\boldsymbol{X}_1^{(0)} = \left[x_1^{(0)}(1), x_1^{(0)}(2), \cdots, x_1^{(0)}(n) \right]$ 是系统特征数据序列，而

$$\boldsymbol{X}_2^{(0)} = \left[x_2^{(0)}(1), x_2^{(0)}(2), \cdots, x_2^{(0)}(n) \right]$$

$$\boldsymbol{X}_3^{(0)} = \left[x_3^{(0)}(1), x_3^{(0)}(2), \cdots, x_3^{(0)}(n) \right]$$

$$\cdots$$

$$\boldsymbol{X}_n^{(0)} = \left[x_n^{(0)}(1), x_n^{(0)}(2), \cdots, x_n^{(0)}(n) \right]$$

为相关因素序列，$\boldsymbol{X}_i^{(1)}$ 为 $\boldsymbol{X}_i^{(0)}$ 的一阶累加生成序列 $(i = 1,2,\cdots,N)$，$\boldsymbol{Z}_i^{(1)}$ 为 $\boldsymbol{X}_i^{(1)}$ 的紧邻均值生成序列，则称

$$x_1^{(0)}(k) + az_1^{(1)}(k) = \sum_{i=2}^{N} b_i x_i^{(1)}(k) \qquad (6-31)$$

为 $\mathrm{GM}(1,N)$ 模型。

定理 6.8 $\mathrm{GM}(1,N)$ 模型即式 $(6-31)$ 可转化为

$$x_1^{(0)}(k) = \frac{1}{1+0.5a} \sum_{i=2}^{N} b_i x_i^{(1)}(k) - \frac{a}{1+0.5a} x_1^{(1)}(k-1) \qquad (6-32)$$

证明 将 $z_1^{(1)}(k) = 0.5x_1^{(1)}(k) + 0.5x_1^{(1)}(k-1)$ 模型代入式 $(6-30)$，得

$$x_1^{(0)}(k) + 0.5a \left[x_1^{(1)}(k) + x_1^{(1)}(k-1) \right]$$

$$= x_1^{(0)}(k) + 0.5a \left[x_1^{(1)}(k-1) + x_1^{(0)}(k) + x_1^{(1)}(k-1) \right]$$

$$= (1 + 0.5a)x_1^{(0)}(k) + ax_1^{(1)}(k-1) = \sum_{i=2}^{N} b_i x_i^{(1)}(k)$$

从而有

$$x_1^{(0)}(k) = \frac{1}{1+0.5a}\sum_{i=2}^{N} b_i x_i^{(1)}(k) - \frac{a}{1+0.5a}x_1^{(1)}(k-1)$$

定理 6.9　GM$(1,N)$ 的差分方程模型即式（6-31）可连续化为微分方程模型

$$\frac{\mathrm{d}x_1^{(1)}(t)}{\mathrm{d}t} + \frac{a}{1+0.5a}x_1^{(1)}(t) = \frac{1}{1+0.5a}\sum_{i=2}^{N} b_i x_i^{(1)} \qquad (6-33)$$

证明　将 $x_1^{(0)}(k) = x_1^{(1)}(k) - x_1^{(1)}(k-1)$ 代入式（6-32）可得

$$x_1^{(1)}(k) - x_1^{(1)}(k-1) = \frac{1}{1+0.5a}\sum_{i=2}^{N} b_i x_i^{(1)}(k) - \frac{a}{1+0.5a}x_1^{(1)}(k-1) \qquad (6-34)$$

式（6-34）可以看作差分方程，其时滞为1，将时滞变化为 Δt，即将其看成可以任意取值的变量，设差 $x^{(1)}(t) - x^{(1)}(t-\Delta t)$ 正比于 Δt，把可变值引进式（6-34），则式（6-34）变成下面形式

$$x_1^{(1)}(t) - x_1^{(1)}(t-\Delta t) = \left[\frac{1}{1+0.5a}\sum_{i=2}^{N} b_i x_i^{(1)}(t) - \frac{a}{1+0.5a}x_1^{(1)}(t-\Delta t)\right]\Delta t \quad (6-35)$$

或

$$\frac{x_1^{(1)}(t) - x_1^{(1)}(t-\Delta t)}{\Delta t} = \frac{1}{1+0.5a}\sum_{i=2}^{N} b_i x_i^{(1)}(t) - \frac{a}{1+0.5a}x_1^{(1)}(t-\Delta t) \quad (6-36)$$

式（6-34）就是方程中 $\Delta t = 1$ 的情形。式（6-35）的左边是 Δt 时刻的累加生成数列的改变量，如果 Δt 增大，那么这个改变量也增大，即改变量是时滞的增函数。在时滞很小的情况下，可以把累加生成数列的改变量看成和时滞之间成正比关系，所以在式（6-35）的右边有因子 Δt 存在。

当时滞越来越小，逐渐趋近零的时候即 $\Delta t \to 0$，式（6-36）就成为下边的微分方程：

$$\frac{\mathrm{d}x_1^{(1)}(t)}{\mathrm{d}t} + \frac{a}{1+0.5a}x_1^{(1)}(t) = \frac{1}{1+0.5a}\sum_{i=2}^{N} b_i x_i^{(1)} \qquad (6-37)$$

定理 6.10　设 $X_1^{(0)} = [x_1^{(0)}(1), x_1^{(0)}(2), \cdots, x_1^{(0)}(n)]$ 是系统特征数据序列，$X_i^{(0)}$ 为相关因素序列，$X_i^{(1)}$ 为 $X_i^{(0)}$ 的一阶累加生成序列，$Z_1^{(1)}$ 为 $X_1^{(1)}$ 的紧邻均值生成序列。

$$Y = \begin{bmatrix} x_1^{(0)}(2) \\ x_1^{(0)}(3) \\ \vdots \\ x_1^{(0)}(n) \end{bmatrix}, B = \begin{bmatrix} -z_1^{(1)}(2) & x_2^{(1)}(2) & \cdots & x_N^{(1)}(2) \\ -z_1^{(1)}(3) & x_2^{(1)}(3) & \cdots & x_N^{(1)}(3) \\ \vdots & \vdots & & \vdots \\ -z_1^{(1)}(n) & x_2^{(1)}(n) & \cdots & x_N^{(1)}(n) \end{bmatrix} \qquad (6-38)$$

则参数列 $\hat{a} = (a, b_2, \cdots, b_N)^{\mathrm{T}}$ 的最小二乘估计满足

$$\hat{a} = (B^{\mathrm{T}}B)^{-1}B^{\mathrm{T}}Y$$

定义 6.5　设 $\hat{a} = (a, b_2, \cdots, b_N)^{\mathrm{T}} = (B^{\mathrm{T}}B)^{-1}B^{\mathrm{T}}Y$，则称方程

$$\frac{\mathrm{d}x_1^{(1)}(t)}{\mathrm{d}t} + \frac{a}{1+0.5a}x_1^{(1)}(t) = \frac{1}{1+0.5a}\sum_{i=2}^{N} b_i x_i^{(1)} \qquad (6-39)$$

为 GM$(1,N)$ 模型

$$x_1^{(0)}(k) + az_1^{(1)}(k) = \sum_{i=2}^{N} b_i x_i^{(1)}(k) \tag{6-40}$$

的改进白化方程。

于是不难得到以下结论。

定理 6.11 设 $\boldsymbol{B}$，$\boldsymbol{Y}$，$\hat{a}$ 如定理 6.10 所述，$\hat{a} = (\boldsymbol{B}^{\mathrm{T}}\boldsymbol{B})^{-1}\boldsymbol{B}^{\mathrm{T}}\boldsymbol{Y}$，则

（1）改进白化方程 $\dfrac{\mathrm{d}x_1^{(1)}(t)}{\mathrm{d}t} + \dfrac{a}{1+0.5a}x_1^{(1)}(t) = \dfrac{1}{1+0.5a}\sum_{i=2}^{N} b_i x_i^{(1)}$ 的解为

$$x_1^{(1)}(t) = \mathrm{e}^{-\frac{a}{1+0.5a}t}\left[\frac{1}{1+0.5a}\int b_i x_i^{(1)}(t)\mathrm{e}^{\frac{a}{1+0.5a}t}\mathrm{d}t + x_1^{(1)}(0) - \frac{1}{1+0.5a}\int b_i x_i^{(1)}(0)\mathrm{d}t\right]$$

$$\tag{6-41}$$

（2）灰色微分方程 $x_1^{(0)}(k) + az_1^{(1)}(k) = \sum_{i=2}^{N} b_i x_i^{(1)}(k)$ 的近似时间响应式为

$$x_1^{(1)}(k+1) = \left[x_1^{(0)}(1) - \frac{1}{a}\sum_{i=2}^{N} b_i x_i^{(1)}(k+1)\right]\mathrm{e}^{-\frac{a}{1+0.5ak}} + \frac{1}{a}\sum_{i=2}^{N} b_i x_i^{(1)}(k+1) \tag{6-42}$$

（3）还原式为

$$\hat{x}^{(0)}(k+1) = \alpha^{(1)}\hat{x}^{(1)}(k+1) = \hat{x}^{(1)}(k+1) - \hat{x}^{(1)}(k) \tag{6-43}$$

6.1.3 基于矩阵序列的灰色预测模型

面板数据同时包含截面数据和时间序列，具有空间维度和时间维度的特征，可以采用三维表描述。设研究总体有 N 个，每个样本的特征用 m 个指标表示，时间长度为 n，则 $X_{ij}(t)$ 表示第 i 个样本第 j 个指标在 t 时间的数值。在平面上可以将其转换为一个二级二维表的形式，如表 6.1 所示。

表 6.1 多指标面板数据

项目	1	$\cdots$	t	$\cdots$	T
	$X_1\cdots X_j\cdots X_p$	$\cdots$	$X_1\cdots X_j\cdots X_p$	$\cdots$	$X_1\cdots X_j\cdots X_p$
1	$X_{11}(1)\cdots X_{1j}(1)\cdots X_{1p}(1)$	$\cdots$	$X_{11}(t)\cdots X_{1j}(t)\cdots X_{1p}(t)$	$\cdots$	$X_{11}(T)\cdots X_{1j}(T)\cdots X_{1p}(T)$
2	$X_{21}(1)\cdots X_{2j}(1)\cdots X_{2p}(1)$	$\cdots$	$X_{21}(t)\cdots X_{2j}(t)\cdots X_{2p}(t)$	$\cdots$	$X_{21}(T)\cdots X_{2j}(T)\cdots X_{2p}(T)$
$\cdots$	$\cdots\cdots\cdots$	$\cdots$	$\cdots\cdots\cdots$	$\cdots$	$\cdots\cdots\cdots$
i	$X_{i1}(1)\cdots X_{ij}(1)\cdots X_{ip}(1)$	$\cdots$	$X_{i1}(t)\cdots X_{ij}(t)\cdots X_{ip}(t)$	$\cdots$	$X_{i1}(T)\cdots X_{ij}(T)\cdots X_{ip}(T)$
$\cdots$	$\cdots\cdots\cdots$	$\cdots$	$\cdots\cdots\cdots$	$\cdots$	$\cdots\cdots\cdots$
n	$X_{n1}(1)\cdots X_{nj}(1)\cdots X_{np}(1)$	$\cdots$	$X_{n1}(t)\cdots X_{nj}(t)\cdots X_{np}(t)$	$\cdots$	$X_{n1}(T)\cdots X_{nj}(T)\cdots X_{np}(T)$

定义 6.6 把每一个时刻 t 上的截面数据记为一个 $N\times m$ 矩阵

$$\boldsymbol{A}_{N\times m}(t) = \begin{bmatrix} x_{11}(t) & x_{12}(t) & \cdots & x_{1m}(t) \\ x_{21}(t) & x_{22}(t) & \cdots & x_{2m}(t) \\ \vdots & \vdots & & \vdots \\ x_{N1}(t) & x_{N2}(t) & \cdots & x_{Nm}(t) \end{bmatrix} \tag{6-44}$$

则整个面板数据可以看成以矩阵 $\boldsymbol{A}_{N\times m}(t)$ 为元素的一个序列 $X = \{\boldsymbol{A}_{N\times m}(t), t = 1,2,\cdots,n\}$，

该序列称为基于截面数据的矩阵序列。

将面板数据中每一个时刻 t 上的截面数据作为三维空间中的点，分别将样本和指标（按顺序赋予整数值）作为对应点的横坐标和纵坐标。则每一个时刻 t 上的截面数据在三维坐标系中可以表示为一个曲面，整个面板数据可以表示为空间中的一簇曲面，如图 6.1 所示。

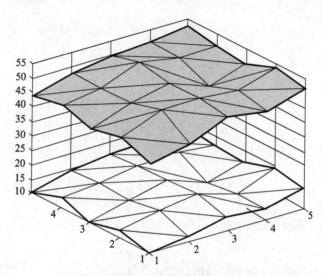

图 6.1　面板数据的曲面表示方法

定义 6.7　设基于截面数据的矩阵序列 $X = \{A_{N \times m}(t), t = 1, 2, \cdots, n\}$，则

$X = \{A(t)x + B(t)y + C(t) \mid t = 1, 2, \cdots, n; x \in [i, i+1], y \in [j, j+1]\}$，$i = 1, 2, \cdots, N-1$；$j = 1, 2, \cdots, m-1$；为 X 对应的曲面簇。

当 $i + j \leqslant x + y \leqslant i + j + 1$ 时，$A(t) = x_{i+1,j}(t) - x_{ij}(t)$，$B(t) = x_{i,j+1}(t) - x_{ij}(t)$，$C(t) = -iA(t) - jB(t) - x_{ij}(t)$；该平面记为 $\Pi_1(t)$。

当 $i + j + 1 \leqslant x(t) + y(t) \leqslant i + j + 2$ 时，$A(t) = x_{i+1,j+1}(t) - x_{i,j+1}(t)$，$B(t) = x_{i+1,j+1}(t) - x_{i+1,j}(t)$，$C(t) = -(i+1)A(t) - (j+1)B(t) - x_{i+1,j+1}(t)$；该平面记为 $\Pi_2(t)$。

定义 6.8　由曲面 $X = A(t)x + B(t)y + C(t)$，$X = A(t+1)x + B(t+1)y + C(t+1)$ 和平面 $x = i$，$x = i+1$，$y = j$，$y = j+1$ 围成的图形称为一个灰单元格，记为 u_{ijt}。

显然，灰单元格 u_{ijt} 的顶点为 $x_{ij}(t)$，$x_{i+1,j}(t)$，$x_{i+1,j+1}(t)$，$x_{i,j+1}(t)$，$x_{ij}(t+1)$，$x_{i+1,j}(t+1)$，$x_{i+1,j+1}(t+1)$，$x_{i,j+1}(t+1)$。

称 $\{u_{ijt}, t = 1, 2, \cdots, n\}$ 为一个灰发展趋势带，其中 $i = 1, 2, \cdots, N-1$，$j = 1, 2, \cdots, m-1$。

定理 6.12　灰单元格 u_{ijt} 的体积记为 v_{ijt}，则

$$v_{ijt} = \left(2 - i + \frac{1}{2}j\right)x_{ij}(t) + \left(\frac{2}{3} - \frac{1}{2}i - \frac{1}{2}j\right)x_{i+1,j}(t) + \left(\frac{1}{2}j - \frac{1}{3}\right)x_{i,j+1}(t) + \left(\frac{1}{2}i - \frac{1}{3}j\right)x_{i+1,j+1}(t)$$

$$(6-45)$$

证明　u_{ijt} 可以看成分别由平面 $\Pi_1(t)$、$x = i$、$y = j$、$x + y = i + j + 1$ 围成的曲顶柱体以及 $\Pi_2(t)$、$x = i+1$、$y = j+1$、$x + y = i + j + 1$ 围成的曲顶柱体之和。这两部分的体积分别记为 v_{ijt1}、v_{ijt2}。

则
$$v_{ijt1} = \int_i^{i+1} \mathrm{d}x \int_j^{i+j+1-x} [A(t)(x-1) + B(t)(y-1) - x_{ij}(t)]\,\mathrm{d}y$$

$$= A(t)\left(\frac{1}{2}i - \frac{1}{3}\right) + B(t)\left(\frac{1}{2}j - \frac{1}{3}\right) + \frac{1}{2}x_{i,j}(t)$$

$$= [x_{i+1,j}(t) - x_{ij}(t)]\left(\frac{1}{2}i - \frac{1}{3}\right) + [x_{i,j+1}(t) - x_{ij}(t)]\left(\frac{1}{2}j - \frac{1}{3}\right) + \frac{1}{2}x_{ij}(t)$$

$$v_{ijt2} = \int_j^{j+1} \mathrm{d}x \int_i^{i+j+1-y} [A(t)(x-1) + B(t)(y-1) - x_{i+1,j+1}(t)]\,\mathrm{d}y$$

$$= A(t)\left(\frac{1}{2}i - \frac{1}{3}\right) + B(t)\left(\frac{1}{2}j - \frac{1}{3}\right) - \frac{1}{2}x_{ij}(t)$$

$$= [x_{i+1,j+1}(t) - x_{i,j+1}(t)]\left(\frac{1}{2}i - \frac{1}{3}\right) + [x_{i+1,j+1}(t) - x_{i+1,j}(t)]\left(\frac{1}{2}j - \frac{1}{3}\right) + \frac{1}{2}x_{ij}(t)$$

$$v_{ijt} = v_{ijt1} + v_{ijt2} = \left(2 - i + \frac{1}{2}j\right)x_{ij}(t) + \left(\frac{2}{3} - \frac{1}{2}i - \frac{1}{2}j\right)x_{i+1,j}(t) +$$

$$\left(\frac{1}{2}j - \frac{1}{3}\right)x_{i,j+1}(t) + \left(\frac{1}{2}i - \frac{1}{3}j\right)x_{i+1,j+1}(t)$$

定义 6.9 设基于截面数据的矩阵序列 $X = \{A_{N \times m}(t), t = 1, 2, \cdots, n\}$，则称 $\frac{1}{N}\sum_{i=1}^{N} x_{ij}(t)$，

$j = 1, 2, \cdots, m$ 为第 j 个指标在 t 时刻的均值。$\left\{\overline{X}_{jt} = \frac{1}{N}\sum_{i=1}^{N} x_{ij}(t) \mid j = 1, 2, \cdots, m, t = 1, 2, \cdots, n\right\}$
为第 j 个指标的均值序列。

定义 6.10 设基于截面数据的矩阵序列 $X = \{A_{N \times m}(t), t = 1, 2, \cdots, n\}$，则称 $\frac{1}{m}\sum_{j=1}^{m} x_{ij}(t)$，

$i = 1, 2, \cdots, N$ 为第 i 个样本在 t 时刻的均值。$\left\{\overline{X}_{it} = \frac{1}{m}\sum_{j=1}^{m} x_{ij}(t) \mid i = 1, 2, \cdots, N, t = 1, 2, \cdots, n\right\}$ 为
第 i 个样本的均值序列。

下面构建基于截面数据矩阵序列的灰色预测模型，首先建立基于灰发展趋势带的灰单元
格体积序列的 GM(1,1) 模型。

对于灰单元格的体积序列 $\{v_{ijt} \mid t = 1, 2, \cdots, n\}$，$i = 1, 2, \cdots, N-1$，$j = 1, 2, \cdots, m-1$ 构建
GM(1,1) 模型，得时间响应序列为

$$\hat{v}_{i,j,t+1} = \left(\hat{v}_{ij1} - \frac{b_{ij}}{a_{ij}}\right)e^{-a_{ij}t} + \frac{b_{ij}}{a_{ij}}, \quad i = 1, 2, \cdots, N-1, \quad j = 1, 2, \cdots, m-1 \qquad (6-46)$$

其还原值为

$$\hat{v}_{i,j,t+1} = (1 - e^{-a_{ij}})\left(\hat{v}_{ij1} - \frac{b_{ij}}{a_{ij}}\right)e^{-a_{ij}t}, \quad i = 1, 2, \cdots, N-1, \quad j = 1, 2, \cdots, m-1 \qquad (6-47)$$

根据定理 6.12，

$$v_{ijt} = \left(2 - i + \frac{1}{2}j\right)x_{ij}(t) + \left(\frac{2}{3} - \frac{1}{2}i - \frac{1}{2}j\right)x_{i+1,j}(t) + \left(\frac{1}{2}j - \frac{1}{3}\right)x_{i,j+1}(t) + \left(\frac{1}{2}i - \frac{1}{3}j\right)x_{i+1,j+1}(t)$$

$$= (1 - e^{-a_{ij}})\left(\hat{v}_{ij1} - \frac{b_{ij}}{a_{ij}}\right)e^{-a_{ij}(t-1)}, \quad i = 1, 2, \cdots, N-1, \quad j = 1, 2, \cdots, m-1 \qquad (6-48)$$

其次建立基于指标的均值序列的 GM(1,1) 模型。

对第 j 个指标的均值序列 $\left\{\overline{X}_{jt} = \dfrac{1}{N}\displaystyle\sum_{i=1}^{N} x_{ij}(t) \,\middle|\, j = 1,2,\cdots,m, t = 1,2,\cdots,n\right\}$ 建立 GM(1, 1) 模型，其时间响应序列为

$$\hat{X}_{j,t+1} = \left(\hat{X}_{j1} - \frac{b_j}{a_j}\right)e^{-a_j t} + \frac{b_j}{a_j}, \quad j = 1,2,\cdots,m \tag{6-49}$$

其还原值为

$$X_{jt} = (1 - e^{-a_j})\left(X_{j1} - \frac{b_j}{a_j}\right)e^{-a_j(t-1)}, \quad j = 1,2,\cdots,m \tag{6-50}$$

根据定义 6.9 有

$$X_{jt} = \frac{1}{N}\sum_{i=1}^{N} x_{ij}(t) = (1 - e^{-a_j})\left(X_{j1} - \frac{b_j}{a_j}\right)e^{-a_j(t-1)}, \quad j = 1,2,\cdots,m \tag{6-51}$$

再次建立基于样本的均值序列的 GM(1,1) 模型。

对第 i 个样本的均值序列 $\left\{\overline{X}_{it} = \dfrac{1}{m}\displaystyle\sum_{j=1}^{m} x_{ij}(t) \,\middle|\, i = 1,2,\cdots,N, t = 1,2,\cdots,n\right\}$ 建立 GM(1,1) 模型，其时间响应序列为

$$\hat{X}_{i,t+1} = \left(\hat{X}_{i1} - \frac{b_i}{a_i}\right)e^{-a_i t} + \frac{b_i}{a_i}, \quad i = 1,2,\cdots,N \tag{6-52}$$

其还原值为

$$X_{it} = (1 - e^{-a_i})\left(X_{i1} - \frac{b_i}{a_i}\right)e^{-a_i(t-1)}, \quad i = 1,2,\cdots,N \tag{6-53}$$

根据定义 6.9 有

$$X_{it} = \frac{1}{m}\sum_{j=1}^{m} x_{ij}(t) = (1 - e^{-a_i})\left(X_{i1} - \frac{b_i}{a_i}\right)e^{-a_i(t-1)}, \quad i = 1,2,\cdots,N \tag{6-54}$$

最后联立方程（6-48）、方程（6-51）、方程（6-54），得如下离散灰向量预测模型：

$$\begin{cases} \left(2 - i + \dfrac{1}{2}j\right)x_{ij}(t) + \left(\dfrac{2}{3} - \dfrac{1}{2}i - \dfrac{1}{2}j\right)x_{i+1,j}(t) + \left(\dfrac{1}{2}j - \dfrac{1}{3}\right)x_{i,j+1}(t) + \left(\dfrac{1}{2}i - \dfrac{1}{3}\right)x_{i+1,j+1}(t) \\ \qquad = (1 - e^{-a_{ij}})\left(\hat{v}_{ij1} - \dfrac{b_{ij}}{a_{ij}}\right)e^{-a_{ij}(t-1)}, i = 1,2,\cdots,N-1, j = 1,2,\cdots,m-1 \\[4pt] X_{jt} = \dfrac{1}{N}\displaystyle\sum_{i=1}^{N} x_{ij}(t) = (1 - e^{-a_j})\left(X_{j1} - \dfrac{b_j}{a_j}\right)e^{-a_j(t-1)}, j = 1,2,\cdots,m \\[4pt] X_{it} = \dfrac{1}{m}\displaystyle\sum_{j=1}^{m} x_{ij}(t) = (1 - e^{-a_i})\left(X_{i1} - \dfrac{b_i}{a_i}\right)e^{-a_i(t-1)}, i = 1,2,\cdots,N \end{cases}$$

$$\tag{6-55}$$

方程组（6-55）的系数矩阵记为 $\boldsymbol{B}$

$$Y = (A_{10},\cdots,A_{s0},A_{11},\cdots,A_{s-1,n-1},A_{01},\cdots,A_{0n})^{\mathrm{T}}$$

$$X = (x_{11k},\cdots,x_{1nk},x_{21k},\cdots,x_{2nk},x_{s1k},\cdots,x_{snk})^{\mathrm{T}}$$

则方程组（6-55）可记为 $\boldsymbol{BX} = \boldsymbol{Y}$

$$\boldsymbol{BX} = \boldsymbol{Y} \Rightarrow \boldsymbol{B}^{\mathrm{T}}\boldsymbol{BX} = \boldsymbol{B}^{\mathrm{T}}\boldsymbol{Y} \Rightarrow (\boldsymbol{B}^{\mathrm{T}}\boldsymbol{B})^{-1}(\boldsymbol{B}^{\mathrm{T}}\boldsymbol{B})\boldsymbol{X} = (\boldsymbol{B}^{\mathrm{T}}\boldsymbol{B})^{-1}\boldsymbol{B}^{\mathrm{T}}\boldsymbol{Y}$$

于是有

$$X = (B^{\mathrm{T}}B)^{-1}B^{\mathrm{T}}Y \tag{6-56}$$

则式（6-56）为离散灰向量预测模型。

6.2 民用飞机全寿命周期费用预测实例

中国航空工业起步较晚，自主发展的民用飞机型号十分有限。对于民用飞机的全寿命周期费用预测来说，反映飞机质量特性的变量繁多，而样本数相对于变量数则明显偏少，如何尽可能多地利用各变量所蕴含的信息成为一个难题。下面使用本章的几种灰色预测模型对民用飞机的全寿命周期费用进行预测。

实例1

表6.2给出了某型号飞机2002—2012年的维修费用数据，建立优化灰色作用量的 GM(1,1)预测模型对飞机维修费用进行预测如下。

表6.2 某型号飞机维修费用　　　　　单位：十万元

年份	2002年	2003年	2004年	2005年	2006年	2007年	2008年	2009年	2010年	2011年	2012年
费用	957.306	998.257	950.832	1 020.26	1 124.38	1 205.37	1 208.49	1 421.36	1 325.17	1 368.41	1 426.29

优化灰色作用量的 GM(1,1) 建模序列 $X^{(0)}$：

$X^{(0)} = (957.306, 998.257, 950.832, 1\ 020.26, 1\ 124.38, 1\ 205.37, 1\ 208.49, 1\ 421.36,$
$1\ 325.17, 1\ 368.41, 1\ 426.29)$

对 $X^{(0)}$ 作准光滑检验，由

$$\rho(k) = \frac{x^{(0)}(k)}{x^{(1)}(k-1)}$$

得

$\rho(2) = 0.701, \rho(3) \approx 0.401\ 2 < 0.5, \rho(4) \approx 0.325\ 4 < 0.5, \rho(5) \approx 0.216\ 8 < 0.5,$
$\rho(6) \approx 0.103\ 8 < 0.5, \rho(7) \approx 0.367\ 9 < 0.5, \rho(8) \approx 0.412\ 3 < 0.5, \rho(9) \approx 0.365\ 2 < 0.5,$
$\rho(10) \approx 0.102\ 5 < 0.5, \rho(11) \approx 0.320\ 8 < 0.5$。

当 $k > 2$ 时，满足准光滑条件。

检验 $X^{(1)}$ 的准指数规律。由

$$\sigma^{(1)}(k) = \frac{x^{(1)}(k)}{x^{(1)}(k-1)}$$

得

$\sigma^{(1)}(2) \approx 1.14, \sigma^{(1)}(3) \approx 1.23, \sigma^{(1)}(4) \approx 1.35, \sigma^{(1)}(5) \approx 1.38, \sigma^{(1)}(6) \approx 1.11,$
$\sigma^{(1)}(7) \approx 1.28, \sigma^{(1)}(8) \approx 1.36, \sigma^{(1)}(9) \approx 1.15, \sigma^{(1)}(10) \approx 1.02, \sigma^{(1)}(11) \approx 1.19$。

当 $k > 2$ 时，$\sigma^{(1)}(k) \in [1, 1.5]$，$\delta = 0.5$，准指数规律满足，故可建立优化灰色作用量的 GM(1,1) 模型。

按照优化灰色作用量的 GM(1,1) 模型预测过程，可得预测模型：

$$\frac{\mathrm{d}X^{(1)}}{\mathrm{d}t} - 0.049\ 785X^{(1)} = 905.778\ 652\ 3 \tag{6-57}$$

$$\hat{x}^{(1)}(k+1) = 5\ 675.668\ 21e^{0.497\ 785k} - 4\ 898.253\ 6 \tag{6-58}$$

进行一次累减得到预测值，具体计算值如表 6.3 所示。

误差检验和关联度检验，由表 6.3 可算出残差平方和。平均相对误差：

$$\Delta = \frac{1}{10}\sum_{k=2}^{11}\Delta_k = 0.024\ 87 \tag{6-59}$$

表 6.3　某型号飞机维修费用模拟结果

年份	2002 年	2003 年	2004 年	2005 年	2006 年	2007 年	2008 年	2009 年	2010 年	2011 年	2012 年
实际值	957.306	998.257	950.832	1 020.26	1 124.38	1 205.37	1 208.49	1 421.36	1 325.17	1 368.41	1 426.29
模拟值	957.306	987.385	978.696	999.85	1 108.59	1 233.66	1 218.58	1 389.38	1 366.531	1 399.25	1 431.16
误差/%	0	−0.11	0.28	−0.20	−0.16	0.28	0.10	−0.32	0.41	0.31	0.05

实例 2

美国兰德公司建立的 DAPCA Ⅳ模型能够估算飞机全寿命周期过程中所需要的工时，比如工程工时、制造工时、工艺装备工时、质量控制工时等，在对费用进行预测时，只需将每小时的工时费用乘以工时即可。对于机体研制生产费用、制造材料费用、飞行实验费用和发展支援等费用模型可以直接进行估算。假设 A、B、C、D、E 五种不同型号的飞机产量均为 1 000 架，试飞飞机均为 6 架，用 DAPCA Ⅳ模型计算的五种机型的各项费用如表 6.4 所示。

表 6.4　不同机型的各项费用

项目	A	B	C	D	E
工程工时/h	277 474	319 232	432 860	311 618	538 545
制造工时/h	3.0×10^7	3.7×10^7	5.0×10^7	3.3×10^7	6.5×10^7
工艺装备工时/h	4 377 894	6 584 804	8 652 525	4 676 360	1.2×10^7
质量控制工时/h	3 984 430	4 907 992	6 720 204	4 452 904	8 606 028
机体研制生产费用/美元	3.1×10^9	4.2×10^9	5.5×10^9	3.4×10^9	7.2×10^9
制造材料费用/美元	8.1×10^8	1.1×10^9	1.5×10^9	9.1×10^8	2.1×10^9
飞行实验费用/美元	2.6×10^7	1.9×10^7	0.2×10^7	2.4×10^7	6.7×10^7
发展支援费用/美元	5.5×10^7	1.5×10^7	1.7×10^7	5.1×10^7	2.6×10^8

下面根据现有的几种机型的各项费用情况预测新研制机型的各项费用，采用本章建立的改进白化方程的 GM(1,4) 模型进行预测，限于篇幅，本书只计算其中的工程工时，其他项目的估算和建模方法类似。

根据相关文献，飞机的最大平飞速度、飞机的重量和飞机产量对工程工时有较强的解释说明能力，这里选取飞机的最大平飞速度、飞机的重量和飞机产量为影响工程工时的说明性变量，各机型的样本数据如表 6.5 所示。

表6.5 各机型工程工时及其说明性变量

项目	A	B	C	D	E
工程工时/h	277 474	319 232	432 860	311 618	538 545
最大平飞速度/(km·h^{-1})	471	1 144	1 031	399	1 319
飞机重量/lb	13 707.47	10 468.54	16 329.89	17 312.42	1 991.31
产量/架	1 000	1 000	1 000	1 000	1 000

建立改进白化方程的 GM(1,4) 模型的二次累加生成序列如下：

$$x_1^{(2)}(k+1) = \left[277\,474 - 10.332\,2x_2^{(2)}(k+1) - 254.757\,0x_3^{(2)}(k+1) + 30.695\,1x^{(2)}4\right](k+1) \cdot$$
$$e^{-3.68k} + 10.332\,2x_2^{(2)}(k+1) + 254.757\,0x_3^{(2)}(k+1) - 30.695\,1x_4^{(2)}(k+1)$$
$$k = 0,1,2,3,\cdots \tag{6-60}$$

式中，$x_1^{(2)}(k+1)$ 表示估算飞机工程工时的二次累加值，根据序列次序由 A 型号的工程工时决定；$x_1^{(1)}(1)$ 等于 277 474；$x_2^{(2)}(k+1)$ 表示最大平飞速度的二次累加值；$x_3^{(2)}(k+1)$ 表示飞机重量的二次累加值；$x_4^{(2)}(k+1)$ 表示飞机产量的二次累加值。当对新型号飞机的工程工时进行预测时，将设计过程中给定的总体参数，包括飞机最大平飞速度、飞机重量和飞机产量分别列在上述样本序列的后边，得如下序列：

$$\{x_i^{(2)}, x_i^{(2)}(2), x_i^{(2)}(3), x_i^{(2)}(4), x_i^{(2)}(5), x_i^{(2)}(6)\} \tag{6-61}$$

其中，$i=2,3,4$ 分别表示最大平飞速度序列，飞机重量序列，飞机产量序列。$x_i^{(2)}(1)$，$x_i^{(2)}(2)$，$x_i^{(2)}(3)$，$x_i^{(2)}(4)$，$x_i^{(2)}(5)$ 分别表示原有 A、B、C、D、E 五种不同型号飞机的说明性变量值；$x_i^{(2)}(6)$ 表示待预测的飞机的说明性变量值。将飞机最大平飞速度序列、飞机重量序列、飞机产量序列值代入模型，比如当 $k=0$ 时，把 A 型号飞机的说明性变量代入，得到估算 A 型号飞机的工程工时的二次累加值。类似地，代入其他飞机型号的说明性变量参数序列值，分别得到其他型号飞机的工程工时二次累加值。当 $k=5$ 时，是将所预测飞机的说明性变量代入模型，得到新型号飞机估算工程工时的二次累加值，最后形成工时的二次累加序列：

$$\{x_1^{(2)}(1), x_1^{(2)}(2), x_1^{(2)}(3), x_1^{(2)}(4), x_1^{(2)}(5), x_1^{(2)}(6)\} \tag{6-62}$$

将该序列进行累减还原，可得各型号飞机的工程工时的预测值，其中，$x_1^{(0)}(6)$ 是新型号飞机的工程工时。我们把灰色预测模型相对于 DAPCA Ⅳ 模型的预测值和建模精度放在一起进行比较，结果如表6.6所示。

表6.6 GM 模型与 DAPCA Ⅳ 模型结果比较

k	GM 模型计算值	DAPCA Ⅳ 模型计算值	相对误差/%
0	277 474	277 474	0
1	147 642	311 618	−53
2	566 686	538 545	5
3	361 040	319 232	13
4	400 112	432 860	−8

表 6.6 中，$k = 0$，1，2，3，4 时是分别将 A、B、C、D、E 五种型号飞机的说明性变量代入改进白化方程的 GM(1,4) 模型并经累减还原后得出的灰色预测模型的计算值与 DAP-CA Ⅳ 模型计算值的情况比较。

对改进白化方程的 GM(1,4) 模型进行后验差比值和小误差频率检验。$C = S_1/S_2$ 称为后验差比值，式中，S_1 和 S_2 分别表示原始数据均方差和残差均方差。C 越小越好，表明尽管原始数据很离散，但模型所得计算值与实际值之差并不太离散。经计算 $C = 0.475\ 6$。小误差频率 $p = p\{|q(k) - \bar{q}| < 0.674\ 5S_1\}$，小误差频率 p 越大越好，p 越大表明残差与残差平均值之差小于给定值 $0.674\ 5S_1$ 的点较多，经计算 $p = 0.831\ 2$，模型预测精度为二级。

实例 3

民用飞机的维修费用可分为直接维修费用和间接维修费用，直接维修费用是在完成飞机或设备维修中直接花费的人工时费用和材料费用；间接维修费用是在维修管理业务、航线航站维修保养、行政管理、记录管理、监督检查、工艺装备、检测设备、维修设施等方面花费的间接费用。直接维修费用与飞机的研制水平和维修设计水平息息相关，间接维修费用受航空公司维修管理水平影响比较大。一般情况，维修费用分析主要针对直接维修费用，并按照航空公司管理水平的不同把间接维修费用看作直接维修费用的 50% ~ 200% 的一个倍数。直接维修费用可以按照飞机的系统进行划分，分系统的维修费用分别由人工时费用和材料费用组成。表 6.7 所示为按照某民用飞机的发动机系统的 2000—2013 年的直接维修费用工时估算出的维修费用，其中各数值均为区间灰色参数。

表 6.7　某型号飞机几大系统直接维修工时　　　　　　　单位：万美元

年份	2000 年	2001 年	2002 年	2003 年	2004 年	2005 年	2006 年
费用	[25.6, 27.1]	[30.5, 31.2]	[35.6, 36.8]	[36.7, 36.9]	[38.2, 39.6]	[37.8, 39.5]	[39.7, 41.4]
年份	2007 年	2008 年	2009 年	2010 年	2011 年	2012 年	2013 年
费用	[41.8, 42.5]	[41.5, 41.9]	[43.9, 44.2]	[45.7, 46.3]	[44.8, 45.6]	[46.1, 47.2]	[47.5, 48.3]

记发动机维修费用灰色参数序列为 $\boldsymbol{X}(\otimes) = (\otimes_1, \otimes_2, \cdots, \otimes_{14})$，这种情况实际上是截面数据矩阵序列预测模型的一种特例，具体预测过程如下：

顺次连接相邻区间灰色参数的上界点和下界点形成灰色参数带，相邻区间灰色参数之间的灰色参数带称为灰色参数层，第 p 个灰色参数层的面积

$$s(p) = \frac{1}{2}\big[(b_p - a_p) + (b_{p-1} - a_{p-1})\big] \tag{6-63}$$

灰色参数带中所有灰色参数层的面积构成的序列为 $\boldsymbol{S}$，对序列 $\boldsymbol{S}$ 建立 GM(1,1) 模型，得时间相应序列为

$$\hat{s}^{(1)}(k+1) = \left[s^{(0)}(1) - \frac{b_s}{a_s}\right]\mathrm{e}^{-ak} + \frac{b_s}{a_s} \tag{6-64}$$

还原值为

$$\hat{s}^{(0)}(k+1) = (1 - \mathrm{e}^{a_s})\left[s^{(0)}(1) - \frac{b_s}{a_s}\right]\mathrm{e}^{-ak} \tag{6-65}$$

整理求解可得

$$\hat{b}_n - \hat{a}_n = \frac{2(1 - e^{a_s})\left[s^{(0)}(1) - \dfrac{b_s}{a_s}\right]e^{-a_s(n-2)}\left[1 - (-e^{a_s})^{(n-2)}\right]}{1 + e^{a_s}}(-1)^n(b_2 - a_2) \quad (6-66)$$

顺次连接灰色参数层的中位线得一条折线，折线上点的纵坐标构成的序列记为

$$\boldsymbol{W} = (w(1), w(2), \cdots, w(n-1))$$

式中，$w(p) = (a_p + a_{p+1} + b_p + b_{p+1})/4$

对序列 $\boldsymbol{W}$ 建立 GM(1,1) 模型，得时间相应序列为

$$\hat{w}^{(1)}(k+1) = \left[w^{(0)}(1) - \frac{b_w}{a_w}\right]e^{-a_w k} + \frac{b_w}{a_w} \quad (6-67)$$

还原值为

$$\hat{w}^{(0)}(k+1) = (1 - e^{a_w})\left[w^{(0)}(1) - \frac{b_w}{a_w}\right]e^{-a_w k} \quad (6-68)$$

整理求解可得

$$\hat{b}_n + \hat{a}_n = \frac{4(1 - e^{a_w})\left[w^{(0)}(1) - \dfrac{b_w}{a_w}\right]e^{-a_w(n-2)}\left[1 - (e^{a_w})^{(n-2)}\right]}{1 + e^{a_w}}(-1)^n(b_2 + a_2) \quad (6-69)$$

联合式（6-66）和式（6-69），可得区间灰色参数上界和下界的预测模型

$$\begin{cases} \hat{a}_n = \dfrac{-F_s - C_s + F_w + C_w}{2}, \\ \hat{b}_n = \dfrac{F_s + C_s + F_w + C_w}{2}。 \end{cases} \quad (6-70)$$

式中

$$F_s = \frac{2(1 - e^{a_s})\left[s^{(0)}(1) - \dfrac{b_s}{a_s}\right]e^{-a_s(n-2)}\left[1 - (-e^{a_s})^{n-2}\right]}{1 + e^{a_s}}$$

$$F_w = \frac{2(1 - e^{a_w})\left[w^{(0)}(1) - \dfrac{b_w}{a_w}\right]e^{-a_w(n-2)}\left[1 - (-e^{a_w})^{n-2}\right]}{1 + e^{a_w}}$$

$$C_w = (-1)^n(b_2 + a_2)$$

$$C_s = (-1)^n(b_2 - a_2)$$

求解程序如下：

```
//计算参数 Fs 的值(计算 Fw 的代码类似)
public double get Fs(int n){
 double Fs = 0;
 try{
   Fs = 2 * (1 - Math.exp(as)) * (s01 - bs/as);
   Fs = Fs * Math.exp(-as * (n - 2));
   Fs = Fs * (1 - Math.pow(-Math.exp(as),(n - 2)));
   Fs = Fs/(1 + Math.exp(as));
```

```
　　}catch(Exception ex){}
 return Fs;
}
  //计算上界 An 的值(计算 Bn 的代码类似)
  public double get An(int n){
double An = 0;
try{
   double Cs = (B2 - A2)*Math.pow(-1,n);
   double Cw = Math.pow(-1,n)*(B2 + A2);
   An = (-get Fs(n) - Cs + get Fw(n) + Cw)/2;
   }catch (Exception ex){}
 return An;
}
//显示区间灰色参数的模型或预测结果.
public static void main(String args[]){
  Calculate An Bn cab = new Calculate An Bn( , , , , , ,);
  System.out.println("区间灰色参数模拟开始 >>>");
   for (int n =2;n < x;n ++){
    System.out.print("[");
    System.out.print(cab.get An(n));
    System.out.print(",");
    System.out.print(cab.get Bn(n));
    System.out.print("]");
    System.out.println(";");
   }
    System.out.println("区间灰色参数模拟结束 >>>");
}
```

对发动机维修费用灰色参数序列 $X(\otimes) = (\otimes_1, \otimes_2, \cdots, \otimes_{14})$ 进行预测，预测的模拟值及其模拟的误差如表 6.8 所示。

表 6.8　发动机维修费用的模拟值及误差

年份	原始值	模拟值	模拟误差/%	年份	原始值	模拟值	模拟误差/%
2000 年	[25.6, 27.1]	[25.6, 27.1]	3.07	2007 年	[41.8, 42.5]	[41.6, 42.6]	2.58
2001 年	[30.5, 31.2]	[30.8, 3.13]	2.01	2008 年	[41.5, 41.9]	[41.7, 42.3]	3.67
2002 年	[35.6, 36.8]	[35.7, 36.7]	4.56	2009 年	[43.9, 44.2]	[43.9, 44.5]	3.64
2003 年	[36.7, 36.9]	[36.4, 37.1]	3.47	2010 年	[45.7, 46.3]	[45.8, 46.1]	4.21
2004 年	[38.2, 39.6]	[39.0, 39.6]	2.89	2011 年	[44.8, 45.6]	[45.0, 45.7]	2.98
2005 年	[37.8, 39.5]	[37.9, 40.1]	4.16	2012 年	[46.1, 47.2]	[46.3, 47.6]	3.69
2006 年	[39.7, 41.4]	[40.2, 41.5]	4.44	2013 年	[47.5, 48.3]	[47.8, 48.5]	4.55

表 6.8 中误差值是区间灰色参数的上界和下界模拟误差的平均值,模型的平均相对误差小于 5%,精度等级为一级。

在不同的情况下,根据不同的条件,在民用飞机寿命周期费用预测上也可以采用本书建立的其他模型,限于篇幅,不再赘述。

6.3 本章小结

本章首先分析 GM(1,1) 模型中灰色作用量 b 的特点,考虑灰色作用量有随时间变化的性质,将其视为时间 t 的线性函数,用 $b_1 + b_2 k$ 代替 b,建立优化灰色作用量的灰色预测模型。

其次,注意到在 GM(1,1) 和 GM(1,N) 模型中将离散方程直接连续化的过程,研究将差分方程连续化从而过渡到微分方程的方法,建立优化白化方程的 GM(1,1) 和 GM(1,N) 灰色预测模型。

再次,针对 GM(1,1) 模型只能预测单一时间序列的特点,综合考虑数据的空间维度和时间维度特征,建立基于面板数据矩阵序列的灰色预测模型,直接对面板数据进行预测。

最后,针对民用飞机全寿命周期各阶段取得的数据的特点,通过实例分别采用以上各模型对飞机的研制费用、生产采购费用和使用保障费用进行预测。

第7章　结束语

目前，我国正以新的研制模式、使用和维护模式发展民用飞机，多年来一直受性能要求驱动的民用飞机产品发展更加注重成本、费用要求。我国是一个发展中国家，要在人力、物力、财力有限的情况下，发展自己的民用飞机，更要注意飞机研制过程的费用控制。针对这一问题，本书在研究灰色系统理论方法的基础上，采用数理经济学、运筹学和灰色系统理论的基本方法，借鉴国内外武器装备系统全寿命周期费用管理的经验，对我国民用飞机全寿命周期费用预测、费用和效能权衡优化以及对费用的分布优化进行了系统的研究，分别建立了适当的数学模型，开拓了民用飞机全寿命周期费用研究的新方法。

本书首先对民用飞机的全寿命周期费用的构成与结构进行了分析，利用全寿命周期费用估算方法，建立民用飞机全寿命周期费用计算模型，通过实例对民用飞机全寿命周期费用及其他参数进行了估算和优化。建立的模型方法以及结论具有一定的工程参考价值和理论意义。

由于我国民用飞机的研究起步较晚，积累的数据和信息都非常有限，充分体现了灰色系统的少数据、贫信息的特点，因此本书对灰色系统理论进行研究和扩展。一方面分别从事先给定置信水平下使约束条件的可能性测度得到满足、极大化事件的灰色可能性测度和从期望值的角度出发，用这三条不同的途径处理灰色可能性测度规划中的不确定函数，建立灰色可能性约束规划模型、灰色可能性相关规划模型和灰色期望值模型。从确定性求解和混合智能算法求解两种不同的途径研究三类模型的求解方法。另一方面回顾灰色预测模型的建模原理，分析模型中灰色作用量和离散方程的特点，考虑数据的空间维度和时间维度特征，对模型进行改进和拓展，为民用飞机的费用效能权衡以及费用的预测奠定理论基础。

费用作为独立变量的核心思想是强调经济可承受性，在设计时将费用放在与性能和进度同等重要的地位，将费用作为设计的输入而不是被动的输出。它在民用飞机的论证初期就考虑全寿命周期费用和性能、效能、进度等设计因素之间的权衡，融合已有的费用设计、费用效能分析等传统的技术经济分析方法，对民用飞机全寿命过程进行综合权衡优化，以全方位地降低全寿命周期费用。本书建立了民用飞机费用—效能综合权衡优化模型，通过对民用飞机寿命周期费用、性能和系统效能之间的权衡优化，达到减小寿命周期费用的目的。然后考虑权衡过程中的不确定因素的影响，对不确定性进行讨论，应用本书建立的灰色可能性测度规划的有关原理，基于灰色可能性测度规划理论分别建立了民用飞机费用—效能综合权衡优化的灰色可能性约束规划模型、灰色可能性相关规划模型和灰色期望值模型。

民用飞机的整个研制过程当中，时间—费用分布表现为费用的需求数具有开始和结束少、中间多的特点，因此全寿命周期费用随时间分布的内在规律可以用威布尔分布描述。本书借助威布尔分布模型研究了民用飞机费用的年度分配情况，在考虑不确定因素影响下，建立了含有灰色参数的民用飞机费用分布的均衡优化模型，为民用飞机费用的年度投资决策提供科学的依据。

民用飞机全寿命周期费用涉及的问题众多，需要研究的工作量庞大，仅凭一个人在短时期内研究透彻是不可能的。本书仅仅对民用飞机的全寿命周期费用的优化与预测方面做了一些研究，但在民用飞机寿命周期和费用范畴中仍存在大量的问题有待深入探讨。进一步研究的工作包括：

（1）全寿命周期费用分析对西方国家来说，有大量的专家和技术人员，有数百个计算机系统在运行中，但仍然是发展中的技术，而把寿命周期费用分析应用到我国的民用飞机研制，本书只是做了一些尝试，民用飞机寿命周期费用分析的时间跨度较大，包括从论证到退役为止的全部时期，需要保存大量的研制、使用、维修和处置的信息，此外全寿命周期费用分析需要收集大量的数据和资料，计算量大，仅靠手工计算比较困难，由于缺乏实用的全寿命周期费用分析软件，推行全寿命周期费用方法有一定的困难，因此加紧研制全寿命周期费用的分析软件是下一步亟待解决的工作。

（2）对民用飞机研制项目进行管理的时候，除了需要对时间和费用进行均衡优化之外，多目标管理也是其中的重要任务之一。本书运用费用作为独立变量的方法对民用飞机的全寿命周期费用和飞机的性能进行了权衡优化，而对民用飞机研制项目的工期、费用、质量等其他目标进行综合均衡控制，建立相应的多目标优化模型，同时考虑不确定因素的影响，建立不确定环境下的民用飞机多目标权衡优化模型也是下一步研究的内容之一。

（3）费用分析和风险分析一直是发达国家在军事装备采办方面关注的焦点，民用飞机的研制过程与军事装备有很大的相似之处，因此在对民用飞机的全寿命周期费用的年度投资分配进行研究的基础上，进一步对费用优化和风险分析也是下一步要考虑的问题。综合运用系统仿真技术、网络计划技术、统计理论、风险理论、优化理论和方法，研究民用飞机项目费用风险、进度风险及费用—进度联合风险。进行统计分析工作以及仿真建模和编程工作，设计开发基于网络计划仿真的费用优化与风险分析软件集成系统，辅助管理决策也是下一步要做的工作。

参 考 文 献

［1］Piperni P, Abdo M, Kafyeke F. Preliminary aerostructural optimization of a large business Jet ［J］. Journal of Aircraft, 2007, 44 (5)：1 422 – 1 438.

［2］张吉昌，姜春海. 中国大飞机产业组织策略分析 ［J］. 中国工业经济, 2008 (01).

［3］钱思佳. 我国大飞机产业发展战略研究 ［D］. 上海交通大学, 2008.

［4］黄强，杨乃定，高婧. 巴西民机产业发展战略分析及其启示 ［J］. 航空制造技术, 2006 (07).

［5］王科. 上海民用航空产业发展研究 ［D］. 上海交通大学, 2012.

［6］张辉. 我国大型民用飞机产业发展战略研究 ［D］. 上海交通大学, 2008.

［7］江红雨. 飞机研制项目进度风险分析及控制研究 ［D］. 电子科技大学, 2009.

［8］孙刚. 基于 PDM 的航空工业大型项目研发管理研究 ［D］. 上海交通大学, 2008.

［9］高宁. 面向制造商的民用飞机初始库存计划研究 ［D］. 南京航空航天大学, 2008.

［10］彭伟. 浅析 APS3200 和 131 – 9A 型 APU 的时间管理 ［J］. 江苏航空, 2011, (03)：32 – 34.

［11］邓玉东. 沈飞公司 ARJ21 项目分层进度计划体系的构建与应用 ［D］. 吉林大学, 2010.

［12］王宜新，张晨娆，刘虎，武哲. 基于全寿命周期成本的民用飞机总体参数优化 ［J］. 飞机设计, 2012, (01)：23 – 30.

［13］李晓勇，宋文滨. 民用飞机全寿命周期成本及经济性设计研究 ［J］. 中国民航大学学报, 2012, (02)：48 – 55.

［14］严盛文，钟忠，郭基联. 军用飞机改进改型研制费用的参数估算法 ［J］. 火力与指挥控制, 2010, (01)：146 – 149.

［15］余珺，郑先斌，张小海. 基于多核优选的装备费用支持向量机预测法 ［J］. 四川兵工学报, 2011 (06).

［16］孟庆成，齐欣，李乔. 基于灰色 – 神经网络的大跨度斜拉桥参数识别 ［J］. 西南交通大学学报, 2009, 5 (44)：704 – 709.

［17］高欣. 美军重大国防采办项目技术成熟度评价实施程序研究 ［J］. 项目管理技术, 2012, 10 (2)：55 – 58.

［18］郭金玉，张忠彬，孙庆云. 层次分析法的研究与应用 ［J］. 中国安全科学学报, 2008, 18 (5)：148 – 153.

［19］蒋铁军，魏汝祥，王树宗. 武器系统费用估算的支持向量机模型优选 ［J］. 武汉理工大学学报, 2008 (06).

［20］徐宗昌，李向荣，郭广生. 武器装备寿命周期费用估算方法研究 ［J］. 科技导

报，2008（15）．

[21] 梁庆卫，赵民全，杨璞．灰色神经网络的鱼雷经济寿命预测 [J]．火力与指挥控制，2011（10）．

[22] 闫彦，张振明，田锡天，贾晓亮．基于作业成本法的飞机产品成本估算研究 [J]．机械设计与制造，2008（10）：229 - 231．

[23] 刘志伟．大型复杂装备费用预测有关问题探讨 [J]．装备制造技术，2008，8：149 - 151．

[24] 杨蒙．HTA 应用研究及其多通道工具的设计实现 [D]．西北大学，2008．

[25] 陆中．民用飞机维修性并行设计关键技术研究 [D]．南京航空航天大学，2008．

[26] 刘春红．基于可靠性的民机维修成本分析与优化研究 [D]．南京航空航天大学，2010．

[27] 孙伟．民用飞机结构维修任务确定方法研究 [D]．南京航空航天大学，2008．

[28] 莫庆华．民用飞机使用经济性分析方法及软件系统 [D]．上海交通大学，2011．

[29] 蒋林．实物期权方法在船舶投资决策中的应用 [J]．中国水运，2008（2）．

[30] 苏娜．实物期权在战略投资决策中的应用研究 [D]．西南财经大学，2008．

[31] 匡卫洪，陈浩勇，荆朝霞，等．电力市场综合模拟系统——实现分析与评价 [J]．现代电力，2010，27（5）．